高职高专机电类规划教材

数控加工编程与操作

霍苏萍　主编

陈建环　朱亚峰　副主编

申晓龙　主审

人民邮电出版社

北　京

图书在版编目（CIP）数据

数控加工编程与操作 / 霍苏萍主编. —北京：人民邮电出版社，2007.12
（高职高专机电类规划教材）
ISBN 978-7-115-16949-5

Ⅰ. 数… Ⅱ. 霍… Ⅲ. 数控机床—程序设计—高等学校：技术学校—教材 Ⅳ. TG659

中国版本图书馆 CIP 数据核字（2007）第 154422 号

内 容 提 要

本书是在广泛吸纳了高职院校本课程教学改革实践经验的基础上编写的。全书共分 8 章，系统地介绍了数控车床、数控铣床和数控加工中心的工艺分析、程序编制和机床操作的基本知识，并结合生产实际中对数控技术人才的需求，增加了数控冲床的编程与操作知识。本书在内容编排上，采用理论与实际相结合的方式，注重实际操作，强调数控加工工艺知识的应用。

本书可作为高职高专院校数控技术、机电一体化、模具、机械制造及自动化等专业的教材，也可供有关工程技术人员学习参考。

高职高专机电类规划教材
数控加工编程与操作

◆ 主　　编　霍苏萍

副 主 编　陈建环　朱亚峰

主　　审　申晓龙

责任编辑　潘新文

◆ 人民邮电出版社出版发行　　北京市崇文区夕照寺街 14 号
邮编　100061　　电子函件　315@ptpress.com.cn
网址　http://www.ptpress.com.cn
北京艺辉印刷有限公司印刷
新华书店总店北京发行所经销

◆ 开本：787×1092　1/16
印张：15
字数：359 千字　　　　　　　2007 年 12 月第 1 版
印数：1 - 3 000 册　　　　　　2007 年 12 月北京第 1 次印刷

ISBN 978-7-115-16949-5/TN

定价：23.00 元

读者服务热线：**(010)67170985**　印装质量热线：**(010)67129223**

高职高专机电类规划教材

编审委员会

主　任：郭建尊

副主任：赵小平　孙小捞　马国亮

委　员：（以姓氏拼音为序）

毕建平　陈建环　陈桂芳　陈　静　程东凤　杜可可

巩运强　霍苏萍　郝　屏　黄健龙　孔云龙　李大成

李俊松　娄　琳　李新德　李秀忠　李银玉　李　英

李龙根　马春峰　宁玉伟　瞿彩萍　施振金　申辉阳

申晓龙　田光辉　童桂英　王　浩　王宇平　王金花

解金榜　于保敏　杨　伟　曾和兰　张伟林　张景耀

张月楼　章志芳　张　薇　赵晓东　周　兰

丛书前言

目前，高职高专教育已成为我国普通高等教育的重要组成部分。"十一五"期间，国家将安排20亿元专项资金用来支持100所高水平示范院校的建设，如此大规模的建设计划在我国职业教育发展历史上还是第一次，这充分表明国家正在深化高职高专教育的深层次的重大改革，加大力度推动生产、服务第一线真正需要的应用型人才的培养。

为适应当前我国高职高专教育如火如荼的发展形势，配合高职高专院校的教学和教材改革，进一步提高我国高职高专教育质量，人民邮电出版社在相关教育、行政主管部门的大力支持下，组织专家、高职高专院校的骨干教师及相关行业的工程师，共同策划编写了一套符合当前职业教育改革精神的高质量实用型教材——"高职高专机电类规划教材"。

本系列教材充分体现了高职高专教育的特点，突出了理论和实践的紧密结合，本着"易学，易用"的编写原则，强调学生创造能力、创新精神和解决实际问题能力的培养，使学生在2～3年的时间内充分掌握基本技术技能和必要的基本知识。

本系列教材按照如下的原则组织、策划和编写，以尽可能地适应当今高职高专教育领域教学改革和教材建设的新需求和新特点。

1. 着重突出"实用"特色。概念理论取舍得当，够用为度，降低难度。对概念和基本理论，尽量用具体事物或案例自然引出。

2. 基本操作环节讲述具体详细，可操作性强，使学生很容易掌握基本技能。

3. 内容紧随新技术发展，将新技术、新工艺、新设备、新材料引入教材。

4. 尽可能将实物图和原理图相结合，便于学生将书本知识与生产实践紧密联系起来。

5. 每本书配备全面的教学服务内容，包括电子教案、习题答案等。

本系列教材第一批共有22本，涵盖了高职高专机电类各专业的专业基础课和数控、模具、CAD/CAM专业的大部分专业课，将在2007年年底前出版。

为方便高职高专老师授课和学生学习，本系列教材将提供完善的教学服务体系，包括多媒体教学课件或电子教案、习题答案等教学辅助资料，欢迎访问人民邮电出版社网站http://www.ptpress.com.cn/download/，进行资料下载。

我们期望，本系列教材的编写和推广应用，能够进一步推动我国机电类职业技术教育的教学模式、课程体系和教学方法的改革，使我国机电类职业技术教育日臻成熟和完善。欢迎更多的老师参与到本系列教材的建设中来。对本系列教材有任何的意见和建议，或有意向参与本系列教材后续的编审工作，请与人民邮电出版社教材图书出版分社联系，联系方式：010-67145004, panxinwen@ptpress.com.cn。

"高职高专机电类规划教材"丛书编委会

2007.5

编 者 的 话

本书是根据教育部教高［2006］16 号《关于全面提高高等职业教育教学质量的若干意见》和教育部等六部委下发的有关数控技术应用专业领域技能型紧缺人才培养指导方案的指导思想，全面总结和广泛吸纳了高职院校本课程教学改革实践经验的基础上编写而成的。全书共分 8 章，系统地介绍了数控车床、数控铣床和数控加工中心的工艺分析、程序编制和机床操作的基本知识，并结合生产实际对数控技人才的需求，增加了数控冲床的编程与操作知识。本书在内容编排上，采用理论与实际相结合的方式，注重实际操作，强调数控加工工艺知识的应用。

本书在编写过程中，力求突出以下特点：以服务为宗旨，以就业为导向，使教学与实际紧密结合。

1. 以数控加工工艺方案制定和程序编制为基础，以培养学生数控编程与操作能力为主线，针对国家职业标准对数控机床操作中级工的要求，明确知识、能力、素质的要求，按实际、实用、实践的原则构建教材模块体系。

2. 针对数控机床的操作与编程，改变以前"先学编程，再学操作"的学习模式，各自设置相对独立又相互联系的模块，便于教师灵活安排，实现"实践—理论—实践"一体化教学，使理论学习与实践能力培养有机融合。

3. 编程模块中，按照加工零件种类分项目学习编程指令，便于实施项目教学法。

4. 强化工艺知识，将数控工艺知识贯穿教学全过程，以促进初学者在学习过程中巩固工艺知识，使所编写的程序符合加工工艺要求。

本书由霍苏萍担任主编，陈建环、朱亚峰担任副主编，申晓龙担任主审。参加本书编写的有三门峡职业技术学院霍苏萍（第 1 章、第 2 章、第 4 章）、广东技术师范学院天河学院朱亚峰（第 3 章、第 7 章）、广州城市学院陈建环（第 4 章、第 8 章）、郑州铁路职业技术学院魏冠义（第 5 章、第 6 章）。

尽管我们在编写过程中付出了很大努力，但是限于水平和能力有限，书中难免有错误和疏漏之处，恳请读者批评指正。

编 者
2007 年 8 月

目　录

第1章 数控加工编程基础

1.1 数控机床的基本知识

1.1.1 数控机床的产生和发展历程

1. 数控技术与数控机床

数控即数字控制（Numerical Control，NC），数控技术即 NC 技术，是用数字化信号发出指令并控制机械执行预定动作的技术。计算机数控（Computer Numerical Control，CNC）是指用计算机，按照存储在计算机内读写存储器中的控制程序去执行并实现数控装置的一部分或全部数控功能。采用数控技术实现数字控制的一整套装置和设备，称为数控系统。

数控机床就是装备有数控系统，采用数字信息对机床运动及其加工过程进行自动控制的机床。它用输入专用或通用计算机中的数字信息来控制机床的运动，自动将零件加工出来。

采用数控机床加工零件时，只需要将零件图形和工艺参数、加工步骤等以数字信息的形式，编成程序代码输入到机床控制系统中，再由其进行运算处理后转换成驱动伺服机构的指令信号，从而控制机床各部件协调动作，自动地加工出零件来。

2. 数控机床的产生和发展

数控机床主要是为了实现复杂多变零件的自动化加工而产生的，数控机床的发展，依赖于电子技术、计算机技术、自动控制和精密测量技术的发展。自 1952 年美国麻省理工学院研制成功第一台数控铣床以来，先后经历了第一代电子管 NC、第二代晶体管 NC、第三代小规模集成电路 NC、第四代小型计算机 CNC 和第五代微型机 MNC 数控系统五个发展阶段。前三代系统是 20 世纪 70 年代以前的早期数控系统，它们都是采用专用电子电路实现的硬接线数控系统，因此称之为硬件式数控系统，也称为普通数控系统或 NC 数控系统。第四代和第五代系统是 20 世纪 70 年代中期开始发展起来的软件式数控系统，称之为现代数控系统，也称为计算机数控或 CNC 系统。软件式数控是采用微处理器及大规模或超大规模集成电路组成的数控系统,它具有很强的程序存储能力和控制功能,这些控制功能是由一系列控制程序(驻留系统内)来实现的。软件或数控系统通用性很强,几乎只需要改变软件,就可以适应不同类型机床的控制要求,具有很大的柔性。目前微型机数控系统几乎完全取代了以往的普通数控系统。

我国早在 1958 年就开始研制数控机床,但没有取得实质性的成果。20 世纪 70 年代初期,我国曾掀起研制数控机床的热潮,但当时的控制系统主要是采用分立电子元器件,性能不稳定,可靠性差,不能在生产中稳定可靠地使用。1980 年开始,北京机床研究所从日本引进FANUC5、7、3、6 数控系统,上海机床研究所引进了美国 GE 公司的 MTC-l 数控系统,辽宁精密仪器厂引进了美国 Bendix 公司的 Dynapth LTD10 数控系统。在引进、消化、吸收国外先进技术的基础上,北京机床研究所又开发出 BS03 经济型数控系统和 BS04 全功能数控系统,航天部 706 所研制出 MNC864 数控系统。目前我国已能批量生产和供应各类数控系统,并掌握了 3～5 轴联动、螺距误差补偿、图形显示和高精度伺服系统等多项关键技术,基本上能满足全国各机床厂的生产需要。

1.1.2 数控机床的组成及加工原理

1. 数控机床的组成

数控机床主要由以下几部分组成,如图 1-1 所示。

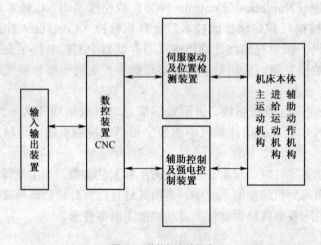

图 1-1 数控机床的组成

(1)控制介质与程序输入输出设备

控制介质是记录零件加工程序的载体,是人与机床建立联系的介质。程序输入输出设备是数控装置与外部设备进行信息交换的装置,作用是将记录在控制介质上的零件加工程序传递并存入数控系统内,或将调试好的零件加工程序通过输出设备存放或记录在相适应的介质上。目前采用较多的输入方法有软盘通信接口和 MDI 方式。MDI 即手动输入方式,它是利用数控机床控制面板上的键盘,将编写好的程序直接输入到数控系统中,并可通过显示器显示有关内容。

现代的数控系统一般都具有用通信方式进行信息交换的能力。通信方式是实现 CAD/

CAM 的集成、FMS 和 CIMS 的基本技术。

（2）数控装置

数控装置是数控机床的核心，包括微型计算机、各种接口电路、显示器等硬件及相应的软件。其作用是接受由输入设备输入的各种加工信息，经过编译、运算和逻辑处理后，输出各种控制信息和指令，控制机床各部分，使其按程序要求实现规定的有序运动和动作。

（3）伺服系统

伺服系统是数控装置和机床的联系环节。包括进给伺服驱动装置和主轴伺服驱动装置。进给伺服装置由进给控制单元、进给电动机和位置检测装置组成，并与机床上的执行部件和机械传动部件组成数控机床的进给系统。它的作用是接受数控装置输出的指令脉冲信号，驱动机床的移动部件（刀架或工作台）按规定的轨迹和速度移动或精确定位，加工出符合图样要求的工件。每一个指令脉冲信号使机床移动部件产生的位移量称为脉冲当量，常用的脉冲当量有 0.01mm/脉冲、0.005mm/脉冲、0.001mm/脉冲等。

主轴伺服装置由主轴驱动单元（主要是速度控制）和主轴电机组成。

目前，常用的伺服驱动电机有功率步进电动机、直流伺服电动机和交流伺服电动机等，后两种都带有感应同步器、光电编码器等位置测量元件。所以，伺服机构的性能决定了数控机床的精度和快速性。伺服系统是数控机床的最后控制环节，它的性能直接影响数控机床的加工精度、表面质量和生产效率。

（4）辅助控制装置

辅助控制装置的主要作用是接收数控装置输出的开关量指令信号，经过编译、逻辑判别和运动，再经功率放大后驱动相应的电器，带动机床的机械、液压、气动等辅助装置完成指令规定的开关量动作。这些控制包括主轴运动部件的变速、换向和启动停止指令，刀具的选择和交换指令，冷却、润滑装置的启动停止，工件和机床部件的松开、夹紧，分度工作台转位分度等开关辅助动作。

由于可编程逻辑控制器（PLC）具有响应快，性能可靠，易于使用、可编程和修改程序并可直接启动机床开关等特点，现已广泛用作数控机床的辅助控制装置。

（5）机床本体

机床本体是数控系统的控制对象，是实现零件加工的执行部件。主要由主运动部件（主轴、主运动传动机构）、进给运动部件（工作台、拖板以及相应的传动机构）、支承件（立柱、床身等）以及特殊装置（刀具自动交换系统、工件自动交换系统）和辅助装置（如排屑装置等）组成。

与传统的普通机床相比，数控机床机械部件具有以下几个优点。

① 采用了高性能的主轴及进给伺服驱动装置，机械传动装置得到简化，传动链较短。

② 数控机床的机械结构具有较高的动态特性、动态刚性、阻尼精度、耐磨性以及抗热变性。

③ 较多地采用高效传动件，如滚珠丝杠螺母副、直线滚动导轨等。

2．数控机床的加工原理

（1）数控机床的加工过程

数控机床的加工过程如图 1-2 所示。

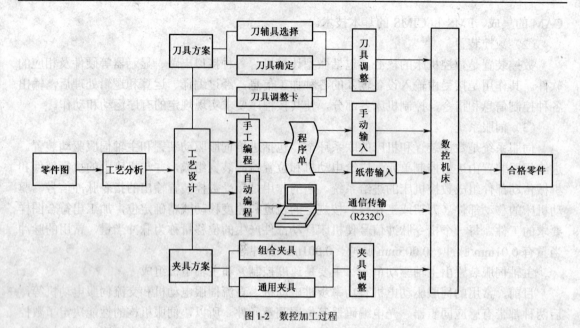

图 1-2　数控加工过程

① 根据加工零件的图纸，确定加工工艺，根据加工工艺信息，用机床数控系统规定的代码和格式编写数控加工程序（对加工工艺过程的描述）。

② 将加工程序存储在控制介质（穿孔带、磁带、磁盘等）上，通过信息载体将全部加工信息传给数控系统。若数控加工机床与计算机联网时，可直接将信息载入数控系统。

③ 数控装置将加工程序语句译码、运算，转换成驱动各运动部件的动作指令，在系统的统一协调下驱动各运动部件的实时运动，自动完成对工件的加工。

总的说来，数控机床就是将与加工零件有关的信息，用规定的文字、数字和符号组成的代码，按一定的格式编写成加工程序单，将加工程序通过控制介质输入到数控装置中，由数控装置经过分析处理后，发出各种与加工程序相对应的信号和指令控制机床进行自动加工。

（2）数控转换与译码过程

CNC 系统的数据转换过程如图 1-3 所示。

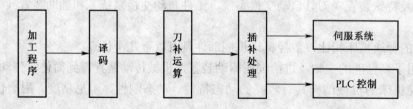

图 1-3　CNC 系统的数据转换过程

① 译码：译码程序的主要功能是将用文本格式编写的零件加工程序，以程序段为单位转换成机器运算所要求的数据结构，该数据结构用来描述一个程序段解释后的数据信息。它主要包括：X、Y、Z 等坐标值、进给速度、主轴转速、G 代码、M 代码、刀具号、字程序处理和循环调用处理等数据或标志的存放顺序和格式。

②　刀补运算：零件的加工程序一般是按零件轮廓和工艺要求的进给路线编制的，而数控机床在加工过程中所控制的是刀具中心的运动轨迹。不同的刀具，其几何参数也不相同。因此，在加工前必须将编程轨迹变换成刀具中心的轨迹，这样才能加工出符合要求的零件。刀补运算就是完成这种转换的处理程序。

③　插补计算：数控程序提供了刀具运动的起点、终点和运动轨迹，而刀具怎么从起点沿运动轨迹走向终点，则由数控系统的插补计算装置或插补计算程序来控制。插补计算的任务就是要根据进给的要求，在轮廓起点和终点之间计算出中间点的坐标值，把这种实时计算出的各个进给轴的位移指令输入伺服系统，实现成型运动。

④　PLC 控制：CNC 系统对机床的控制分为"轨迹控制"和"逻辑控制"。前者是对各坐标轴的位置和速度的控制，后者是对主轴的起停、换向，刀具的更换，工件的夹紧与松开，冷却、润滑系统的运行等进行的控制。这种逻辑控制通常以 CNC 内部和机床各行程开关、传感器、继电器、按钮等开关信号为条件，由可编程序控制器（PLC）来实现。

由此可见，数控加工原理就是将数控加工程序以数据的形式输入数控系统，通过译码、刀补计算、插补计算来控制各坐标轴的运动，通过 PLC 的协调控制，实现零件的自动加工。

1.1.3　数控机床的分类

1.　按工艺用途分

（1）金属切削类数控机床

包括数控车床、数控铣床、数控钻床、数控镗床、数控磨床、加工中心等。加工中心是带有刀库和自动换刀装置的数控机床，它将铣、镗、钻、攻螺纹等功能集中于一台设备上，具有多种工艺手段。在加工过程中由程序自动选用和更换刀具，大大提高了生产效率和加工精度。

（2）金属成型类数控机床

此类数控机床有数控板料折弯机、数控弯管机、数控冲床等。

（3）特种加工类数控机床

此类数控机床包括数控线切割机床、数控电火花加工机床、数控激光切割机等。

（4）其他类数控机床

如数控火焰切割机、数控三坐标测量仪等。

2.　按控制运动轨迹分类

（1）点位控制数控机床

点位控制数控机床的特点是机床移动部件只能实现由一个位置到另一个位置的精确定位，机床数控系统只控制行程终点的坐标，在移动过程中不进行切削加工，因此对运动轨迹和运动速度没有要求，可以几个坐标同时向目标点运动，也可以各个坐标单独依次运动。点位控制数控机床主要有数控坐标镗床、数控钻床、数控冲床等。

（2）直线控制数控机床

直线控制数控机床可控制刀具或工作台以适当的进给速度，沿着平行于某一坐标轴方向或与坐标轴成 45°的斜线方向进行直线移动和切削加工，进给速度根据切削条件可在一定范围内变化。

直线控制的简易数控车床，只有两个坐标轴，可加工阶梯轴。直线控制的数控铣床，有三个坐标轴，可用于平面的铣削加工。现代组合机床采用数控进给伺服系统，驱动动力头带有多轴箱的轴向进给进行钻镗加工，它也可算是一种直线控制数控机床。

（3）轮廓控制数控机床

轮廓控制数控机床具有控制几个坐标轴同时协调运动，及多坐标联动的能力，使刀具相对于工件按程序指定的轨迹和速度运动，在运动过程中进行连续切削加工。它不仅能控制机床移动部件的起点与终点坐标，而且能控制整个加工轮廓每一点的速度和位移，可以加工任意斜率的直线、圆弧、抛物线或其他函数关系的曲线。

常用的数控车床、数控铣床、数控加工中心就是典型的轮廓控制数控机床。数控火焰切割机、电火花加工机床以及数控绘图机等也采用了轮廓控制系统。轮廓控制系统的结构要比点位/直线控制系统更为复杂，在加工过程中需要不断进行插补运算，然后进行相应的速度与位移控制。

除少数专用控制系统外，现代计算机数控装置都具有轮廓控制功能。

3. 按伺服系统的控制方式分类

（1）开环伺服系统

开环伺服系统一般由环形分配器、步进电动机功率放大器、步进电动机、齿轮箱和丝杠螺母传动副等组成。如图1-4所示。

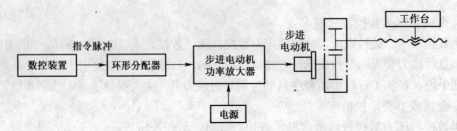

图1-4　开环控制伺服驱动示意图

工作原理：每当数控装置发出一个指令脉冲信号，就使步进电动机的转子旋转一个固定角度，机床工作台移动一定的距离。

特点：开环伺服系统没有工作台位移检测装置，对机械传动精度误差没有补偿和校正，工作台的位移精度完全取决于步进电动机的步距角精度、齿轮箱中齿轮副和丝杠螺母副的精度与传动间隙等，所以这种系统很难保证较高的位置控制精度。同时由于受步进电动机性能的影响，其速度也受到一定的限制。但这种系统的结构简单、调试方便、工作可靠、稳定性好、价格低廉，因此被广泛用于精度要求不太高的经济型数控机床上。

（2）闭环伺服系统

闭环伺服系统主要是由比较环节（位置比较和放大元件、速度比较和放大元件）、驱动元件、机械传动装置、测量装置等组成。如图1-5所示。

工作原理：数控装置发出位移指令脉冲，经电动机和机械传动装置使机床工作台移动，安装在工作台上的位置检测器把机械位移变成电学量，反馈到输入端与输入信号相比较，得到的差值经过放大和变换，最后驱动工作台向减少误差的方向移动。如果输入信号不断地产生，则工作台就不断地跟随输入信号运动。

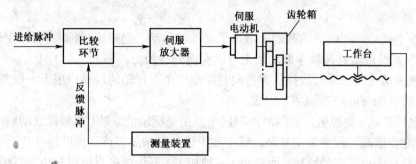

图 1-5　闭环控制伺服驱动示意图

特点：闭环伺服系统的位置检测装置安装在机床工作台上，将工作台的实际位置检测出来并与 CNC 装置的指令进行比较，用差值进行控制，因而可以达到很高的定位精度，同时还能达到较高的速度。在精度要求高的大型和精密机床上应用十分广泛。由于系统增加了检测、比较和反馈装置，所以结构比较复杂，不稳定因素多，调试维修比较困难。

（3）半闭环伺服系统

半闭环控制系统也有位置检测反馈装置，但检测元件安装在电动机轴端或丝杠轴端处，通过检测伺服机构的滚珠丝杠转角，间接计算移动部件的位移，然后反馈到数控装置的比较器中，与输入原指令位移值进行比较，用比较后的差值进行控制，使移动部件补充位移，直到差值消除为止。如图 1-6 所示。

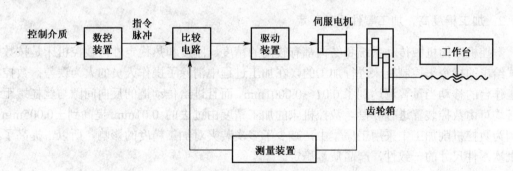

图 1-6　半闭环控制伺服驱动示意图

特点：半闭环控制系统伺服机构没有将丝杠螺母机构、齿轮机构等传动机构包括在闭环中，所以这些传动机构的传动误差仍然会影响移动部件的位移精度。但半闭环伺服系统将惯性大的工作台安排在闭环之外，系统调试较容易，稳定性好。所能达到的精度、速度和动态特性优于开环伺服机构，为大多数中小型数控机床所采用。

4．按可控制轴数与联动轴数分类

可控制轴数是指系统最多可以控制的坐标轴数目，联动轴数是指数控系统按加工要求控制同时运动的坐标轴数目。

多坐标轴按照一定的函数关系同时协调运动，称为多轴联动。按照联动轴数可以分为以下 4 类。

① 两轴联动：数控机床能同时控制两个坐标轴联动，适于数控车床加工旋转曲面或数控

铣床铣削平面轮廓。

② 两轴半联动：在两轴的基础上增加了 Z 轴的移动，当机床坐标系的 X、Y 轴固定时，Z 轴可以作周期性进给。两轴半联动加工可以实现分层加工。

③ 三轴联动：三轴联动数控机床能同时控制三个坐标轴的联动，用于一般曲面的加工，一般的型腔模具均可以用三轴加工完成。

④ 多坐标联动：数控机床能同时控制四个以上坐标轴的联动。多坐标联动数控机床的结构复杂，精度要求高、程序编制复杂，适于加工形状复杂的零件，如叶轮叶片类零件。

通常三轴机床可以实现两轴、两轴半、三轴加工；五轴机床也可以只用到三轴联动加工，而其他两轴不联动。

1.1.4 数控机床的加工特点

1. 适应性强，用于单件小批量和具有复杂型面的工件的加工

适应性即所谓的柔性，是指数控机床随生产对象变化而变化的能力。在普通机床上加工不同的零件，一般需要调整机床和附件，使机床适应加工零件的要求。而数控机床上加工零件的形状主要取决于加工程序，加工不同的零件只要重新编制或修改加工程序就可以迅速达到加工要求，为复杂零件的单件、小批量生产以及试制新产品提供了极大的方便。适应性强是数控机床最突出的优点，也是数控机床得以迅速发展的主要原因。

2. 加工精度高，加工零件质量稳定

数控机床的机械传动系统和结构都有较高的精度、刚度和热稳定性；数控机床是按数字形式给出的指令来控制机床进行加工的，在加工过程中消除了操作人员的人为误差；数控机床工作台的移动当量普遍达到了 $0.01 \sim 0.0001\text{mm}$，而且进给传动链的反向间隙与丝杠螺距误差等均可由数控装置进行补偿，数控机床的加工精度由过去的 0.01mm 提高到 $\pm 0.005\text{mm}$；又因为数控机削加工中采用工序集中，减少了多次装夹对加工精度的影响，所以，提高了同一批次零件尺寸的一致性，产品质量稳定。

3. 生产效率高

数控机床加工可以有效地减少零件的加工时间和辅助时间。由于数控机床的主轴转速和进给速度的变化范围大，每一道工序加工时可以选用最佳切削速度和进给速度，使切削参数优化，减少了切削加工时间。此外，数控机床加工一般采用通用或组合夹具，数控车床和加工中心加工过程中能进行自动换刀，实现了多工序加工；数控系统的刀具补偿功能节省了刀具补偿的调整时间等，减少了辅助加工时间。综合上述各个方面，数控机床提高了加工生产效率，降低了加工成本。

4. 能实现复杂的运动

普通机床难以实现或无法实现的曲线和曲面的运动轨迹，如螺旋桨气轮机叶片等空间曲面，数控机床则可以实现几乎是任意轨迹的运动和加工任意形状的空间曲线，适用于复杂异形零件的加工。

5. 减轻劳动强度，改善劳动条件

数控机床加工时，除了装卸零件，操作键盘、观察机床运行外，其他的机床动作都是按照加工程序要求自动连续地进行切削加工，操作者不需要进行频繁的重复手工操作。所以能减轻劳动强度，改善劳动条件。

6. 有利于生产管理

数控机床加工，可预先准确估计零件的加工工时，所使用的刀具、夹具、量具可进行规范化管理。加工程序是用数字信息的标准代码输入，易于实现加工信息的标准化，目前，已与计算机辅助制造（CAD/CAM）有机结合，是现代集成制造技术基础。

1.1.5　典型的数控系统简介

数控系统是数控机床的核心。数控机床根据功能和性能要求，配置不同的数控系统。系统不同，其指令代码也有差别，因此，编程时应按所使用数控系统代码的编程规则进行编程。FANUC（日本）、SIEMENS（德国）、FAGOR（西班牙）、HEIDENHAIN（德国）、MITSUBISHI（日本）等公司的数控系统及相关产品，在数控机床行业占据主导地位；我国数控产品以华中数控、航天数控为代表，也已将高性能数控系统产业化。

1. FANUC 公司的主要数控系统

① 高可靠性的 Power mate 0 系列：用于控制两轴的小型车床，取代步进电机的伺服系统；可配画面清晰、操作方便、中文显示的 CRT/MDI，也可配性/价比高的 DPL/MDL。

② 普及型 CNC0-D 系列：0-TD 用于车床；0-MD 用于铣床及小型加工中心；0-GCD 用于圆柱磨床；0-GSD 用于平面磨床；0-PD 用于冲床。

③ 全功能型的 0-C 系列：0-TC 用于车床、自动车床；0-MC 用于铣床、钻床、加工中心；0-GCC 用于内、外圆磨床；0-GSC 用于平面磨床，0-TTC 用于双刀架 4 轴车床。

④ 高性价比的 0i 系列：整体软件功能包，高速、高精度加工，并具有网络功能。0i-MB/MA 用于加工中心和铣床，4 轴 4 联动；0i-TB/TA 用于车床，4 轴 2 联动；0i-mate MA 用于铣床，3 轴 3 联动；0i-mateTA 用于车床，2 轴 2 联动。

⑤ 具有网络功能的超小型、超薄型 CNC16i/18i/21i 系列：控制单元与 LCD 集成于一体，具有网络功能，超高速串行数据通信。其中 FS16i-MB 的插补、位置检测和伺服控制以纳米为单位。16i 最多可控 8 轴；18i 最多可控 6 轴；21i 最多可控 4 轴，4 轴联动。

除此之外，还有实现机床个性化的 CNC16/18/160/180 系列。

2. SIEMENS 公司的主要数控系统

① SINUMERIK 802S/C：用于车床、铣床等，可控 3 个进给轴和 1 个主轴，802S 适于步进电机驱动，802C 适用于伺服电机驱动，具有数字 I/O 接口。

② SINUMERIK 802D：控制 4 个数字进给轴和 1 个主轴，PLC I/O 模块，具有图形式循环编程，车削、铣削/钻削工艺循环，FRAME（包括移动、旋转和缩放）等功能，为复杂加工任务提供智能控制。

③ SINUMERIK 810D：用于数字闭环驱动控制，最多可控 6 轴（包括 1 个主轴和 1 个辅助主轴），紧凑型可编程输入/输出。

④ SINUMERIK 840D：全数字模块化数控设计，用于复杂机床、模块化旋转加工机床和传送机，最大可控 31 个坐标轴。

3. FAGOR 数控系统

① CNC8070 是目前 FAGOR 最高档数控系统，代表 FAGOR 顶级水平，是 CNC 技术与 PC 技术的结晶，是与 PC 兼容的数控系统，采用 Pentium CPU，可运行 Windows 和 MS-DOS。可控 16 轴+3 电子手轮+2 主轴，可运行 Visual Basic，Visual C++，程序段处理时间＜1ms，PLC 可达 1024 输入点/1024 输出点，具有以太网、CAN、SERCOS 通信接口，可选用±10V 模拟量接口。

② 8055 系列数控系统是 FAGOR 高档数控系统，可实现 7 轴 7 联动+主轴+手轮控制。按其处理速度不同分为 8055/A、8055/B、8055/C 三种档次。适用于车床、车削中心、铣床、加工中心及其他数控设备。具有连续数字化仿形、RTCP 补偿、内部逻辑分析仪、SERCOS 接口、远程诊断等许多高级功能。

③ 8040/8055-i 标准系列属中高档数控系统，采用中央单元与显示单元合为一体的结构，8040 可控 4 轴 4 联动+主轴+2 个手轮。8055-i 可实现 7 轴 7 联动+主轴+2 个手轮，两者用户内存均可达到 1MB 字节且具有±10V 模拟量接口及数字化 SERCOS 光缆接口，可配置带 CAN 接口的分布式 PLC。

④ 8040/8055-i/8055 TCO/MCO 系列是一种开放式的数控系统，可供 OEM 再开发成为专用数控系统，使用于任何机床设备。

⑤ 8040/8055-i/8055 TC/MC 系列是一种人机对话式的数控系统，其主要特点是无需采用 ISO 代码编程，可将零件图中的数据通过人机交互图形界面直接输入系统，从而实现编程，俗称傻瓜式数控系统。

⑥ 8025/8035 系列，8025 系列是 FAGOR 公司的中档数控系统，适用于铣床、加工中心、车床及其他数控设备。可控 2～5 轴不等，该数控系统是操作面板、显示器、中央单元合一的紧凑结构。8035 是 8040/8055-i/8055 的简化型，采用 32 位 CPU，同时也是 8025 的更新换代产品。

4. 华中数控系统

华中数控以"世纪星"系列数控单元为典型产品，HNC-21T 为车削系统，最大联动轴数为 4 轴；HNC-21/22M 为铣削系统，最大联动轴数为 4 轴，采用开放式体系结构，内置嵌入式工业 PC。

伺服系统的主要产品包括：HSV-11 系列伺服驱动装置，HSV-16 系列全数字交流伺服驱动装置，步进电机驱动装置，交流伺服主轴驱动装置与电机，永磁同步交流伺服电机等。

5. CASNUC 2100 数控系统

CASNUC2100 数控系统是北京航天数控的主要产品，是以 PC 为硬件基础的模块化、开放式的数控系统，可用于车床、铣床、加工中心等 8 轴以下机械设备的控制，具有 2 轴、3

轴、4 轴联动功能。

1.2　数控加工编程基础

数控编程是数控加工的重要步骤。用数控机床对零件进行加工时，首先对零件进行加工工艺分析，以确定加工方法、加工工艺路线，正确地选择数控机床加工刀具和装夹方法。然后，按照加工工艺要求，根据所用数控机床规定的指令代码及程序格式，将刀具的运动轨迹、位移量、切削参数（主轴转速、进给量、吃刀深度等）以及辅助功能（换刀、主轴正反转切削液开关等）编写成加工程序单，传送或输入到数控装置中，从而指挥机床加工零件。

1.2.1　数控编程的内容及方法

1. 数控编程的内容

数控程序的编制一般包括有如下几个方面。

（1）分析零件图样，制定工艺方案

编程人员首先要根据零件图，分析零件的材料、形状、尺寸、精度及毛坯形状和热处理要求等，明确加工的内容和要求，选择合适的数控机床，拟定零件加工方案，确定加工顺序、走刀路线、装夹方法、刀具及合理的切削用量等。并结合所用数控机床的规格、性能、数控系统的功能等，充分发挥机床的效能。加工路线尽可能短，要正确选择对刀点、换刀点，减少换刀次数，提高加工效率。

（2）数值计算

在确定了工艺方案后，就需要根据零件的几何尺寸、加工路线等，计算刀具中心运动轨迹，以获得刀位数据。数控系统一般均具有直线插补与圆弧插补功能，对于加工由圆弧和直线组成的较简单的平面零件，只需要计算出零件轮廓上相邻几何元素交点或切点的坐标值，得出各几何元素的起点、终点、圆弧的圆心坐标值等，就能满足编程要求。当零件的几何形状与控制系统的插补功能不一致时，就需要进行较复杂的数值计算，一般需要使用计算机辅助计算，否则难以完成。

（3）编写零件加工程序

在完成上述工艺处理及数值计算工作后，编程人员根据使用数控系统规定的功能指令代码及程序段格式，逐段编写零件加工程序。此外，还应填写有关的工艺文件，如数控加工工序卡片、数控刀具卡片、工件安装和零点设定卡片等。

（4）制备控制介质

将编写的零件加工程序内容记录在控制介质（如穿孔纸带）上，作为数控装置的输入信息，通过程序的手工输入或通信传输的方式输入到数控系统。

（5）程序校验和首件试切

在正式加工之前，必须对程序进行校验和首件试切。通常可采用机床空运行的功能，来检查机床动作和运动轨迹的正确性，以检验程序。在具有 CRT 图形模拟显示功能的数控机床上，可通过显示走刀轨迹或模拟刀具对工件的切削过程，对程序进行检查。但这些方法只能检验出运动是否正确，不能检验被加工零件的加工精度。因此，要进行零件的首件试切。当发现有加工误差时，分析误差产生的原因，采取尺寸补偿措施，加以修正。

数控编程的内容和步骤可用图 1-7 所示的框图表示。

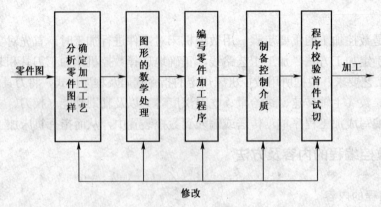

图 1-7　数控编程的内容和步骤

2．数控编程的方法

数控程序的编制方法一般有手工编程和自动编程两种。

（1）手工编程

手工编程就是从分析零件图样、制定工艺方案、图形的数学处理、编写零件加工程序单、制备控制介质到程序的校验等主要由人工完成的编程过程。对于加工形状简单、计算量不大、程序段不多的零件，采用手工编程即可实现，而且经济、及时。因此，对于点位加工或由直线与圆弧组成的轮廓加工中，手工编程仍广泛应用。但对于形状复杂的零件，特别是具有非圆曲线、列表曲线及曲面组成的零件，用手工编程就有一定困难，计算相当繁琐，且容易出错，有时甚至无法编程，必须采用自动编程的方法。

（2）自动编程

自动编程是指在编程过程中，除了分析零件图样和制定工艺方案由人工进行外，其余工作均由计算机辅助完成。采用计算机自动编程时，数学处理、编写程序、检验程序等工作是由计算机自动完成的，由于计算机可自动绘制出刀具中心的运动轨迹，使编程人员可及时检查程序是否正确，需要时可及时修改，以获得正确的程序。又由于计算机自动编程代替程序编制人员完成了繁琐的数值计算，可提高编程效率，解决手工编程无法解决的许多复杂零件的编程难题。因而，自动编程的特点就在于编程工作效率高，可解决复杂形状零件的编程难题。

根据输入方式的不同，可将自动编程分为图形数控自动编程、语言数控自动编程和语音数控自动编程等。图形数控自动编程是指将零件的图形信息直接输入计算机，通过自动编程软件的处理，得到数控加工程序。目前，图形数控自动编程是使用最为广泛的自动编程方式。

1.2.2　数控程序的结构与格式

为了满足设计、制造、维修和普及的需要，在输入代码、坐标系统、加工指令、辅助功能及程序格式等方面，国际上已形成了由国际标准化组织（ISO）和美国电子工程协会（EIA）分别制定的两种标准。我国根据 ISO 标准制定了《数字控制机床用的七单位编码字符》（JB3050—82）、《数字控制坐标和运动方向的命名》（JB3051—82）、《数字控制机床穿孔带程序段格式中的准备功能 G 和辅助功能 M 代码》（JB3208—83）。但是由于各个数控机床生产厂家所用的标准尚未完全统一，其所用的代码、指令及其含义不完全相同，因此，在数控编程时必须按所用数控机床编程手册中的规定进行。目前，数控系统中常用的代码有 ISO 代码和 EIA 代码。

1．数控加工程序的组成结构

下面为加工图 1-8 所示零件的加工程序，加工深度为 5mm。

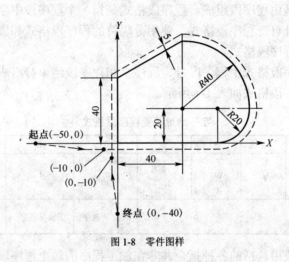

图 1-8　零件图样

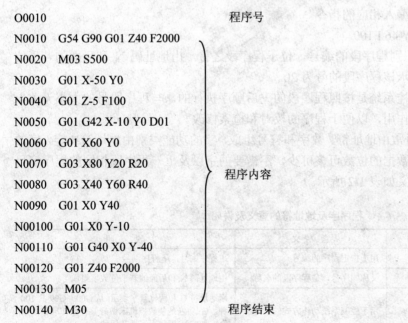

O0010	程序号
N0010　G54 G90 G01 Z40 F2000	
N0020　M03 S500	
N0030　G01 X-50 Y0	
N0040　G01 Z-5 F100	
N0050　G01 G42 X-10 Y0 D01	
N0060　G01 X60 Y0	
N0070　G03 X80 Y20 R20	
N0080　G03 X40 Y60 R40	程序内容
N0090　G01 X0 Y40	
N00100　G01 X0 Y-10	
N00110　G01 G40 X0 Y-40	
N00120　G01 Z40 F2000	
N00130　M05	
N00140　M30	程序结束

由上述程序可知：

每一个程序都是由程序号、程序内容和程序结束三部分组成。程序内容则由若干程序段组成，程序段由若干字组成，每个字又由字母和数字组成。字组成程序段，程序段组成程序。

① 程序号。程序号为程序的开始部分，为了区别存储器中的程序，每个程序都要有程序编号。在编号前采用程序编号地址符，不同的数控系统，程序地址符有所不同，如在 FANUC 系统中，采用英文字母"O"作为程序编号地址，而其他系统有的采用"P"、"%"等。

② 程序内容。程序内容是整个程序的核心，由许多程序段组成，每个程序段由一个或多个指令组成。表示数控机床要完成的全部动作。

③ 程序结束。以程序结束指令 M02 或 M30 作为整个程序结束的符号，来结束整个程序。

2. 程序段格式

零件的加工程序是由程序段组成。程序段格式是指一个程序段中字、字符、数据的书写规则，通常有字—地址可变程序段格式、使用分隔符的程序段格式和固定程序段格式，最常用的为字—地址可变程序段格式。

字—地址可变程序段格式由程序段号、程序字和程序段结束符组成。

字—地址可变程序段格式如表 1-1 所示。

表 1-1　　　　　　　　　　　　　　　字—地址可变程序段格式

1	2	3	4	5	6	7	8	9	10
N_	G_	X_ U_ P_	Y_ V_ Q_	Z_ W_ R_	I_J_K_ R_	F_	S_	T_	M_
程序段号	准备功能字	尺寸字				进给功能字	主轴功能字	刀具功能字	辅助功能字

注意：上述程序段中包括的各种指令并非在加工程序的每个程序段中都必须有，而是根据各程序段的具体功能来编入相应的指令。

例如：N20 G01 X35 Y-46 F100。

① 程序段号：用以识别程序段的编号，位于程序段之首，由地址码 N 和后面的若干位数字组成。例如，N20 表示该程序段的号为 20。

数控机床加工时，数控系统是按照程序段的先后顺序执行的，与程序段号的大小无关，程序段号只起一个标记的作用，以便于程序的校对和检索修改。

② 程序字：程序字通常由地址符、数字和符号组成，字的功能类别由地址符决定，字的排列顺序要求不太严格，数据的位数可多可少，不需要的字以及上一程序段相同的程序字可以省略不写。地址符的含义如表 1-2 所示。

表 1-2　　　　　　　　　　　　　　　程序字及地址符的意义及说明

程 序 字	地 址 符	意 义	说 明
程序号	O, P, %	用于指定程序的编号	主程序编号，子程序编号
程序段号	N	又称顺序号，是程序段的名称	由地址码 N 和后面的若干位数字组成
准备功能字	G	用于控制系统动作方式的指令	用地址符 G 和两位数字表示，从 G00～G99 共 100 种。G 功能是使数控机床做好某种操作准备的指令，如 G01 表示直线插补运动

程 序 字	地 址 符	意 义	说 明
尺寸字	X、Y、Z、U、V、W、R、A、B、C、I、J、K	用于确定加工时刀具运动的坐标位置	X、Y、Z 用于确定终点的直线坐标尺寸；A、B、C 用于确定附加轴终点的角度坐标尺寸；I、J、K 用于确定圆弧的圆心坐标；R 用于确定圆弧半径
补偿功能	D、H	用于补偿号的指定	D 通常为刀具半径补偿号指定；H 为刀具长度补偿号的指定
进给功能字	F	用于指定切削的进给速度	表示刀具中心运动时的进给速度，由地址码 F 和后面数字构成。单位为 mm/min 或 mm/r
主轴转速功能字	S	用于指定主轴转速	由地址码 S 和在其后面的数字组成，单位为 r/min。对于数控车床指定恒线速切削时，S 指令用来指定车削加工的线速度
刀具功能字	T	用于指定加工时所用刀具的编号	由地址码 T 和其后面的数字组成，数字指定刀具的刀号，数字的位数由所用的系统决定，对于数控车床，T 后面还有指定刀补偿号的数字
辅助功能字	M	用于控制机床或系统的辅助装置的开关动作	由地址码 M 和后面的两位数字组成，从 M00～M99 共 100 种。各种机床的 M 代码规定有差异，必须根据说明书的规定进行编程

③ 程序段结束：写在每一程序段之后，表示程序段结束。在 ISO（国际标准化组织）标准代码中用 "NL" 或 "LF"；在 EIA（美国电子工业协会）标准代码中，结束符为 "CR"；有的数控系统的程序段结束符用 "；" 或 "*"；也有的数控系统不设结束符，直接回车即可。

1.3　数控机床坐标系

1.3.1　标准坐标系及其运动方向

在数控编程时，为了描述机床的运动，简化程序编制的方法及保证记录数据的互换性，数控机床的坐标系和运动方向均已标准化。目前，国际标准化组织已经统一了标准坐标系，我国机械工业部也颁布了 JB3051-82《数字控制机床坐标和运动方向的命名》标准，对数控机床的坐标和运动方向作了明文规定。

1. 机床相对运动的规定

为了使编程人员在不考虑机床上工件与刀具具体运动的情况下，就可以依据零件图样，确定机床的加工过程，特规定：永远假定刀具相对于静止的工件坐标系而运动。

2. 坐标系的规定

在数控机床上加工零件，机床的动作是由数控系统发出指令来控制的，为了确定机床上运动的位移和运动的方向，需要坐标系来实现，这个坐标系叫标准坐标系，也称为机床坐标系。

数控机床上的坐标系采用右手笛卡尔直角坐标系，如图 1-9 所示。伸出右手的大拇指、食指和中指，并互为 90°，大拇指的指向为 X 坐标的正方向，食指的指向为 Y 坐标的正方向，中指的指向为 Z 坐标的正方向。

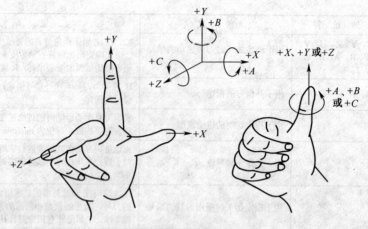

图1-9　右手笛卡尔直角坐标系

围绕 X、Y、Z 坐标旋转的旋转坐标分别用 A、B、C 表示，根据右手螺旋定则，大拇指的指向为 X、Y、Z 坐标中任意轴的正向，则其余四指的旋转方向即为旋转坐标 A、B、C 的正向，如图1-9所示。

3. 运动方向的规定

JB3051-82 中规定：机床某一部件运动的正方向是增大刀具与工件之间距离的方向。

（1）Z 坐标

Z 坐标的运动由传递切削力的主轴决定，即平行主轴轴线的坐标轴为 Z 坐标。若有多根主轴，则选垂直于工件装夹面的主轴为主要主轴，Z 坐标则平行于该主轴轴线。若机床无主轴，则规定垂直于工件装夹平面的方向为 Z 坐标。

Z 坐标的正向为刀具离开工件的方向。如立式铣床，主轴箱的上、下或主轴本身的上、下即可定为 Z 轴，且是向上为正；若主轴不能上下动作，则工作台的上、下便为 Z 轴，此时工作台向下运动的方向定为正向。

（2）X 坐标

X 坐标平行于工件的装夹面，一般是水平的。这是刀具或工件定位平面内运动的主要坐标。对于工件旋转的机床（如车床、磨床等），X 坐标的在工件的径向上，且平行于横向拖板。刀具离开工件旋转中心的方向为 X 坐标的正方向，如图 1-10（a）所示。对于刀具旋转的机床（如车铣床、镗床、钻床等），X 运动的正方向指向右，图 1-10（b）所示。

（3）Y 坐标

Y 坐标轴垂直于 X、Z 坐标轴。Y 坐标的正方向根据 X 和 Z 坐标的正方向，按照右手笛卡尔直角坐标系来确定。

（4）旋转运动 A、B 和 C

A、B 和 C 相应地表示其回转轴线平行于 X、Y 和 Z 坐标的旋转运动。A、B 和 C 的正方向利用右手螺旋定则根据 X、Y 和 Z 坐标的正方向确定。

（5）附加坐标系

如果在基本的直角坐标轴 X、Y、Z 之外，还有轴线平行于 X、Y、Z 的其他坐标，则将附加的直角坐标系指定为 U、V、W 和 P、Q、R。

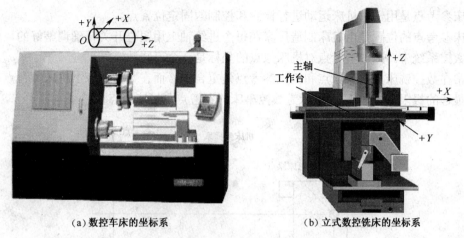

（a）数控车床的坐标系　　　　　　（b）立式数控铣床的坐标系

图 1-10　机床坐标系

1.3.2　机床原点与机床参考点

1. 机床原点

机床原点又称机械原点，是机床坐标系的原点。该点是机床上设置的一个固定点，它在机床装配、调试时就已确定下来，是数控机床进行加工运动的基准参考点。

数控车床的机床原点一般取在卡盘端面与主轴中心线的交点处，如图 1-11 所示。

数控铣床的机床原点一般取在 X、Y、Z 坐标的正方向极限位置上，如图 1-12 所示。

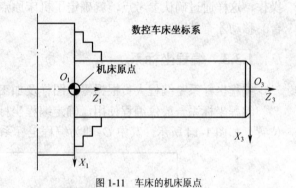

图 1-11　车床的机床原点

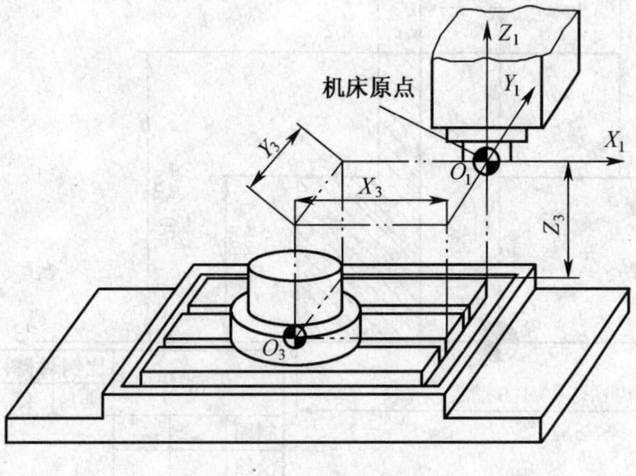

图 1-12　铣床的机床原点

2. 机床参考点

机床参考点是用于对机床运动进行检测和控制的固定位置点。

机床参考点的位置是由机床制造厂家在每个进给轴上用限位开关精确调整好的，坐标值已输入数控系统中。因此参考点对机床原点的坐标是一个已知数。

通常在数控铣床上机床原点和机床参考点是重合的；而在数控车床上机床参考点是离机床原点最远的极限点。图 1-13 所示为数控车床的参考点与机床原点。

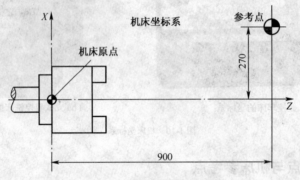

图 1-13　数控车床的参考点

数控机床开机时，必须先确定机床原点，而确定机床原点的运动就是刀架返回参考点的操作，这样通过确认参考点，就确定了机床原点。只有机床参考点被确认后，刀具（或工作台）移动才有基准。

1.3.3　编程坐标系

编程坐标系是编程人员根据零件图样及加工工艺等建立的坐标系。

编程坐标系一般供编程使用，确定编程坐标系时不必考虑工件毛坯在机床上的实际装夹位置。如图 1-14 所示，其中 O_2 即为编程坐标系原点。

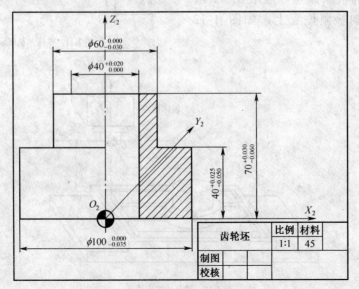

图 1-14　编程坐标系

　　编程原点需根据加工零件图样及加工工艺要求选定，尽量选择在零件的设计基准或工艺基准上，编程坐标系中各轴的方向应该与所使用的数控机床相应的坐标轴方向一致，如图 1-15 所示为车削零件的编程原点。

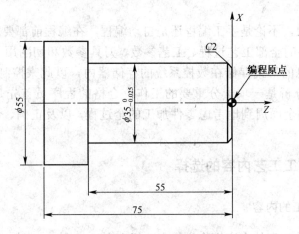

图 1-15　确定编程原点

1.3.4　加工坐标系

　　加工坐标系是指以确定的加工原点为基准所建立的坐标系。

　　加工原点也称为编程原点，是指零件被装夹好后，相应的编程原点在机床坐标系中的位置。

　　在加工过程中，数控机床是按照工件装夹好后所确定的加工原点位置和程序要求进行加工的。编程人员在编制程序时，只要根据零件图样就可以选定编程原点、建立编程坐标系、计算坐标数值，而不必考虑工件毛坯装夹的实际位置。对于加工人员来说，则应在装夹工件、调试程序时，将编程原点转换为加工原点，并确定加工原点的位置，在数控系统中给予设定（即给出原点设定值），设定加工坐标系后就可根据刀具当前位置，确定刀具起始点的坐标值。在加工时，工件各尺寸的坐标值都是相对于加工原点而言的，这样数控机床才能按照准确的加工坐标系位置开始加工。

　　加工原点一般按如下原则选取。

　　① 加工原点应选在工件图样的尺寸基准上。这样可以直接用图纸标注的尺寸，作为编程点的坐标值，减少数据换算的工作量。

　　② 能使工件方便地装夹、测量和检验。

　　③ 尽量选在尺寸精度、光洁度比较高的工件表面上，这样可以提高工件的加工精度和同一批零件的一致性。

　　④ 对于有对称几何形状的零件，加工原点最好选在对称中心点上。

　　车削工件的加工原点一般设在工件的左端面或右端面与主轴中心线交点上。铣削工件的加工原点，一般设在工件外轮廓的某一个角上或工件对称中心处，进刀深度方向上的零点，大多取在工件上表面，对于形状较复杂的工件，有时为编程方便可根据需要通过相应的程序指令建立改变新的工件坐标原点。对于在一个工作台上装夹加工多个工件的情况，在机床功能允许的条件下，可分别设定编程原点独立地编程，再通过加工原点预置的方法在机床上分别设定各自的工件坐标系。

1.4 数控加工的工艺设计

数控机床加工中，不论是手工编程还是自动编程，在编程前都要对加工零件进行工艺分析，并把加工零件的全部工艺过程、工艺参数、刀具参数和切削用量及位移参数等编制成程序，以数字信息的形式存储在数控系统的存储器内，以此来控制数控机床进行加工。所以数控加工工艺分析是一项十分重要的工作，合格的程序员首先是一个合格的工艺人员，否则就无法做到全面周到地考虑零件加工的全过程，以及正确、合理地编制零件的加工程序。

1.4.1 数控加工工艺内容的选择

1. 适于数控加工的内容

① 通用机床无法加工的内容应作为优先选择内容。
② 通用机床难加工，质量也难以保证的内容应作为重点选择内容。
③ 通用机床加工效率低、工人手工操作劳动强度大的内容，可在数控机床尚存在富裕加工能力时选择。

2. 不适于数控加工的内容

一般来说，上述这些加工内容采用数控加工后，在产品质量、生产效率与综合效益等方面都会得到明显提高。相比之下，下列一些内容不宜选择采用数控加工：
① 占机调整时间长。如以毛坯的粗基准定位加工第一个精基准，需用专用工装协调的内容。
② 加工部位分散，需要多次安装、设置原点。这时，采用数控加工很麻烦，效果不明显，可安排通用机床补加工。
③ 按某些特定的制造依据（如样板等）加工的型面轮廓。主要原因是获取数据困难，易于与检验依据发生矛盾，增加了程序编制的难度。

此外，在选择和决定加工内容时，也要考虑生产批量、生产周期、工序间周转情况等。总之，要尽量做到合理，达到多、快、好、省的目的。要避免把数控机床降格为通用机床使用。

1.4.2 数控加工零件图的工艺性分析

被加工零件的数控加工工艺性问题涉及面很广，下面结合编程的可能性和方便性提出一些必须分析和审查的内容。

1. 尺寸标注应符合数控加工的特点

在数控编程中，所有点、线、面的尺寸和位置都是以编程原点为基准的。因此零件图样上最好直接给出坐标尺寸，或尽量以同一基准引注尺寸。

2. 几何要素的条件应完整、准确

在程序编制中，编程人员必须充分掌握构成零件轮廓的几何要素参数及各几何要素间的关系。因为在自动编程时要对零件轮廓的所有几何元素进行定义，手工编程时要计算出每个节点的坐标，无论哪一点不明确或不确定，编程都无法进行。但由于零件设计人员在设计过程中考虑不周，常常会出现参数不全或不清楚，如圆弧与直线、圆弧与圆弧是相切还是相交或相离。所以在审查与分析图纸时，一定要仔细核算，发现问题及时与设计人员联系。

3. 定位基准可靠

在数控加工中，加工工序往往较集中，以同一基准定位十分重要。因此往往需要设置一些辅助基准，或在毛坯上增加一些工艺凸台。如图 1-16（a）所示的零件，为增加定位的稳定性，可在底面增加一工艺凸台，如图 1-16（b）所示。在完成定位加工后再除去。

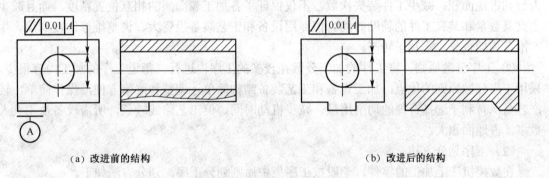

（a）改进前的结构   （b）改进后的结构

图 1-16 工艺凸台的应用

4. 统一几何类型及尺寸

零件的外形、内腔最好采用统一的几何类型及尺寸，这样可以减少换刀次数，还可能应用控制程序或专用程序以缩短程序长度。零件的形状尽可能对称，便于利用数控机床的镜向加工功能来编程，以节省编程时间。

1.4.3 数控加工的工艺设计

1. 加工方法的选择

加工方法的选择原则是保证加工表面的加工精度和表面粗糙度的要求。由于获得同样精度所用的加工方法很多，因而实际选择时，要结合零件的形状、尺寸大小、热处理要求等全面考虑。例如，对 IT7 级精度的孔采用镗削、铰削、磨削等加工方法均可达到要求，但箱体上的孔一般采用镗削或铰削，而不宜采用磨削。一般小尺寸的箱体孔选择铰孔；当孔径较大时，则应选择镗孔。此外，还应考虑生产率和经济性的要求，以及生产设备等实际情况。通常，数控车床适合于加工形状比较复杂的轴类零件和由复杂曲线回转形成的模具内型腔；立式数控铣床适合于加工平面凸轮、样板、形状复杂的平面或立体零件，以及模具的内、外型腔等；卧式数控铣床则适合于加工箱体、泵体和壳体类零件；多坐标联动的加工中心还可以用于加工各种复杂的曲线、曲面、叶轮和模具等。

零件上比较精确表面的加工，常常是通过粗加工、半精加工和精加工逐步达到的。确定加工方案时，首先应根据主要表面的精度和表面粗糙度的要求，初步确定为达到这些要求所需的加工方法。常用加工方法的经济加工精度和表面粗糙度可查阅有关工艺手册。

2. 工序的划分

（1）工序划分的原则

工序划分的原则有工序集中原则和工序分散原则两种。

① 工序集中原则。工序集中原则是指每道工序包括尽可能多的加工内容，从而使工序的总数减少。采用工序集中原则的优点：有利于采用高效的专用设备和数控机床，提高生产效率；减少工序数目，缩短工艺路线；简化生产计划和生产组织工作；减少机床数量、操作工人数和占地面积；减少工件装夹次数，不仅保证了各加工表面间的相互位置精度，而且减少了夹具数量和装夹工件的辅助时间。但专用设备和工艺装备投资大、调整维修比较麻烦、生产准备周期较长，不利于转产。

② 工序分散原则。将工件的加工分散在较多的工序内进行，每道工序的加工内容很少。采用工序分散原则的优点：加工设备和工艺装备结构简单，调整和维修方便，操作简单，转产容易；有利于选择合理的切削用量，减少机动时间。但工艺路线较长，所需设备及工人人数多，占地面积大。

（2）工序划分方法

在数控机床上加工的零件，一般按工序集中原则划分工序，划分方法如下。

① 按零件装夹定位方式划分。以一次安装完成的那一部分工艺过程为一道工序。由于每个零件结构形状不同，各表面的技术要求也有所不同，故加工时其定位方式各有差异。一般在加工外形时，以内形定位；在加工内形时，则以外形定位。因而可根据定位方式的不同来划分工序。这种方法适合于加工内容较少的零件，加工完后就能达到待检状态。

② 按所用刀具划分。以同一把刀具加工的那一部分工艺过程为一道工序。有些零件虽然能在一次安装中加工出很多待加工表面，但考虑到程序太长，会受到某些限制，如控制系统的限制（主要是内存容量），机床连续工作时间的限制（如一道工序在一个工作班内不能结束）等。此外，程序太长会增加出错与检索的困难。因此程序不能太长，一道工序的内容不能太多。

③ 按粗、精加工划分。粗加工中完成的那一部分工艺过程为一道工序，精加工中完成的那一部分工艺过程为一道工序。此时，可用不同的机床或不同的刀具顺次同步进行加工。对于加工后易发生变形的工件，为减小变形，其粗、精加工的工序要分开。如毛坯为铸件、焊接件或锻件。

④ 按加工部位划分。以完成相同型面的那一部分工艺过程为一道工序，对于加工表面多而复杂的零件，可按其结构特点将加工部位划分成多道工序，如内腔、外形、曲面或平面，并将每一部分的加工作为一道工序。

3. 加工顺序的安排

零件的加工工序通常包括切削加工工序、热处理工序和辅助工序，工序的顺序直接影响零件的加工质量、生产效率和加工成本。下面介绍切削加工工序的顺序安排原则。

① 基面先行原则。用作精基准的表面，要首先加工，因为定位基准的表面越精确，装夹误差就越小。例如轴类零件顶尖孔的加工。

② 先粗后精原则。零件各表面的加工顺序按照先粗加工，再半精加工，最后精加工和光整加工的顺序依次进行，逐步提高表面的加工精度和减小表面粗糙度。

③ 先主后次原则。零件的装配基面和主要工作表面，应先加工，次要表面可穿插加工。由于次要表面加工工作量小，且又常与主要表面有位置精度要求，所以一般在主要表面半精加工之后精加工之前进行。

④ 先面后孔原则。对于箱体、支架、底座等零件，应先加工用作定位的平面和孔的端面，再加工孔和其他尺寸。这样可使工件定位夹紧可靠，有利于保证孔与平面的位置精度，减小刀具的磨损，特别是钻孔，孔的轴线不易偏斜。

4. 零件的定位与夹具的选择

（1）定位与夹紧方案的选择

在数控机床上加工零件时，定位安装的基本原则与普通机床相同，也要合理选择定位基准和夹紧方案。为提高数控机床的效率，在确定定位基准与夹紧方案时应注意下列 4 点。

① 尽可能使设计基准、工艺基准与编程计算基准统一。

② 减少装夹次数，尽可能在一次装夹后能加工出全部待加工表面。

③ 避免采用占机人工调整时间长的装夹方案。

④ 夹紧力的作用点应落在工件刚性较好的部位。

如图 1-17（a）薄壁套的轴向刚性比径向刚性好，用卡爪径向夹紧时工件变形大，若沿轴向施加夹紧力，变形会小得多。在夹紧图 1-17（b）所示的薄壁箱体时，夹紧力不应作用

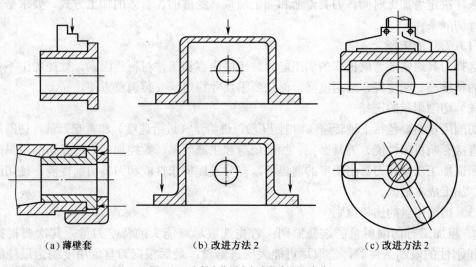

(a) 薄壁套　　　　　　　　(b) 改进方法 2　　　　　　　　(c) 改进方法 2

图 1-17 夹紧力作用点与夹紧变形的关系

在箱体的顶面，而应作用在刚性较好的凸边上，或改为在顶面上三点夹紧，改变着力点位置，以减小夹紧变形，如图 1-17（c）所示。

（2）选择夹具的基本原则

数控加工的特点对夹具提出了两个基本要求：一是要保证夹具的坐标方向与机床的坐标方向相对固定；二是要能协调零件和机床坐标系的尺寸关系。除此之外，还要考虑以下几点。

① 单件小批量生产时优先选用组合夹具、可调夹具和其他通用夹具，以缩短生产准备时间和节省生产费用。在成批生产时，才考虑采用专用夹具，并力求结构简单。

② 零件的装卸要快速、方便、可靠，以缩短机床的停顿时间，减少辅助时间。

③ 夹具上各零部件应不妨碍机床对零件各表面的加工。即夹具要开敞，其定位夹紧机构元件不能影响加工中的走刀（如产生碰撞等）。

④ 为提高数控加工效率，批量较大的零件加工可采用气动或液压夹具、多工位夹具。

⑤ 为满足数控加工精度，要求夹具定位、夹具精度高。

此外，为提高数控加工的效率，在成批生产中，还可采用多位、多件夹具。例如，在数控铣床或立式加工中心的工作台上，可安装一块与工作台大小一样的平板，既可用它作为大工件的基础板，也将它可作多个中小工件的公共基础板，依次加工并排装夹的多个中小工件。

5. 确定走刀路线和工步顺序

走刀路线是刀具在整个加工工序中相对于工件的运动轨迹，它不但包括了工步的内容，而且也反映出工步的顺序。走刀路线是编写程序的依据之一。走刀路线的确定在数控车削编程和数控铣削编程的对应章节中作具体介绍。

6. 刀具与切削用量的选择

对于高效率的金属切削机床加工来说，被加工材料、切削刀具、切削用量是三大要素。这些条件决定着加工时间、刀具寿命和加工质量。经济的、有效的加工方式，要求必须合理地选择切削条件。

（1）刀具的选择

选择刀具通常要考虑机床的加工能力、工序内容和工件材料等因素。数控加工不仅要求刀具的精度高、刚度好、耐用度高，而且要求尺寸稳定、安装调整方便。

（2）切削用量的选择

切削用量主要包括主轴转速（切削速度）、进给量（进给速度）和背吃刀量。切削用量的大小直接影响机床性能、刀具磨损、加工质量和生产效率。数控加工中选择切削用量时，就是在保证加工质量和刀具耐用度的前提下，充分发挥机床性能和刀具切削性能，使切削效率最高，加工成本最低。

（3）切削用量的选择原则

① 粗加工时切削用量的选择原则：首先选取尽可能大的背吃刀量；其次要根据机床动力和刚性的限制条件等，选取尽可能大的进给量；最后根据刀具耐用度确定最佳的切削速度。

② 精加工时切削用量的选择原则：首先根据粗加工后的余量确定背吃刀量；其次根据待加工表面的粗糙度要求，选取较小的进给量；最后在保证刀具耐用度的前提下，尽可能选取较高的切削速度。

编程人员在确定每道工序的切削用量时，应根据刀具的耐用度和机床说明书中的规定去选择。也可以结合实际经验用类比法确定切削用量。在选择切削用量时要充分保证刀具能加工完一个零件，或保证刀具耐用度不低于一个工作班，最少不低于半个工作班的工作时间。

数控车削加工和数控铣削加工时切削用量的选择将在第 2 章和第 4 章作具体介绍。

7．对刀点与换刀点的确定

（1）对刀点

对刀点是指通过对刀确定刀具与工件相对位置的基准点。对于数控机床来说，在加工开始时，确定刀具与工件的相对位置是很重要的，这一相对位置是通过确认对刀点来实现的。对刀点可以设置在被加工零件上，也可以设置在夹具上与零件定位基准有一定尺寸联系的某一位置，有时对刀点就选择在零件的加工原点。对刀点的选择原则如下。

① 所选的对刀点应使程序编制简单。

② 对刀点应选择在容易找正、便于确定零件加工原点的位置。

③ 对刀点应选在加工时检验方便、可靠的位置。

④ 对刀点的选择应有利于提高加工精度。

例如，加工如图 1-18 所示零件时，当按照图示路线来编制数控加工程序时，选择夹具定位元件圆柱销的中心线与定位平面 A 的交点作为加工的对刀点。显然，这里的对刀点也恰好是加工原点。

（2）刀位点

刀位点是指刀具的定位基准点。在进行数控加工编程时，往往是将整个刀具浓缩视为一个点，那就是刀位点。它是在刀具上用于表现刀具位置的参照点。一般来说，立铣刀、端铣刀的刀位点是刀具轴线与刀具底面的交点；球头铣刀的刀位点是球头的球心点或球头顶点；

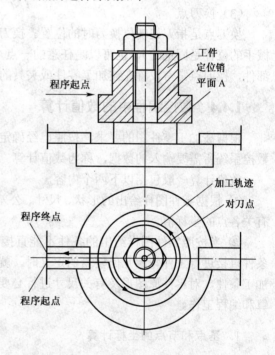

图 1-18　对刀点

镗刀、车刀的刀位点为刀尖或刀尖圆弧中心；钻头是钻尖或钻头底面中心；线切割的刀位点则是线电极的轴心与零件面的交点。常见刀具的刀位点如图 1-19 所示。

在使用对刀点确定加工原点时，就需要进行"对刀"。所谓对刀是指使"刀位点"与"对刀点"重合的操作。每把刀具的半径与长度尺寸都是不同的，刀具装在机床上后，应在控制系统中设置刀具的基本位置。各类数控机床的对刀方法是不完全一样的，这一内容将结合各类数控机床操作分别讨论。

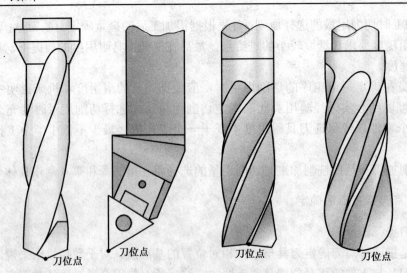

(a) 钻头的刀位点　　(b) 车刀的刀位点　　(c) 圆柱铣刀的刀位点　　(d) 球头铣刀的刀位点

图 1-19　刀位点

（3）换刀点

换刀点是指刀架转位换刀时的位置。换刀点可以是某一固定点（如加工中心，其换刀机械手的位置是固定的），也可以是任意的一点（如数控车床）。为防止换刀时碰伤零件及其他部件，换刀点常常设置在被加工零件或夹具的轮廓之外，并留有一定的安全量。

1.4.4　数控编程中的数值计算

根据被加工零件图的要求，按照已经确定的加工工艺路线和允许的编程误差，计算机床数控系统所需要输入的数据，称为数值计算。

数值计算一般包括以下两个内容。

① 根据零件图样给出的形状、尺寸、公差等直接通过数学方法，计算出编程时所需要的有关各点的坐标值。

② 当按照零件图样给出的条件不能直接计算出编程所需的坐标，也不能按零件给出的条件直接进行工件轮廓几何要素的定义时，就必须根据所采用的具体工艺方法、工艺装备等加工条件，对零件原图形及有关尺寸进行必要的数学处理或改动，才可以进行各点的坐标计算和编程工作。

1. 基点和节点的坐标计算

零件的轮廓是由直线、圆弧、二次曲线等几何要素组成的，各几何要素之间的连接点称为基点。如两直线的交点、直线与圆弧、或圆弧与圆弧的交点或切点，圆弧与其他二次曲线的交点或切点等。基点坐标是编程中必需的重要数据，如图 1-20 所示。

如果零件的轮廓是由直线和圆弧以外的其他曲线构成的，而数控系统又不具备该曲线的插补功能时，就需要进行一定的数学处理。数学处理的方法是：将构成零件的轮廓曲线，按数控系统插补功能的要求，在允许的编程误差的条件下，用若干直线段或圆弧段去逼近零件轮廓非圆曲线，这些逼近线段与被加工曲线的交点或切点称为节点。如图 1-21 所示，对图中

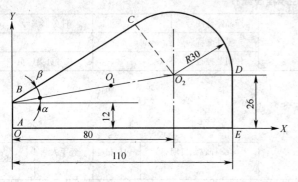

图 1-20　零件轮廓的基点

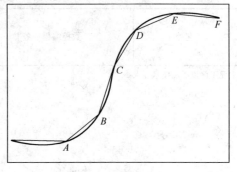

图 1-21　零件轮廓的节点

曲线用直线逼近时，其交点 A、B、C、D、E、F 等即为节点。

在编程时，一般按节点划分程序段，节点多少是由逼近线段的数目决定的。逼近线段的近似区间越大，则节点数越少，程序段也会越少，但逼近误差 δ 应小于或等于编程允许误差 $\delta_允$。考虑到工艺系统及计算误差的因素，一般取编程允许误差 $\delta_允$ 为零件公差的 $1/5 \sim 1/10$。

2. 刀位点轨迹的计算

刀位点是标志刀具所处不同位置的坐标点，不同类型的刀具其刀位点不同，数控系统从对刀点开始控制刀位点运动，并由刀具的切削刃加工出所要求的零件轮廓，零件的轮廓形状是通过刀具切削刃进行切削形成的。对于刀具半径补偿功能的数控机床，只要在编写程序时，在程序的适当位置写入建立刀具补偿的有关指令，就可以保证在加工过程中，使刀位点按一定的规则自动偏离编程轨迹，达到正确加工的目的。这时可直接按零件轮廓的形状，计算各基点和节点坐标，并作为编程时的坐标数据。

对于没有刀具半径补偿功能的数控机床，编程时，需按刀具的刀位点轨迹计算基点和节点坐标值，作为编程时的坐标数据，按零件轮廓的等距线编程。

1.4.5　数控加工的工艺文件编制

编制数控加工专用技术文件是数控加工工艺设计的内容之一。这些技术文件既是数控加工的依据、产品验收的依据，也是操作者遵守、执行的规程。技术文件是对数控加工的具体说明，目的是让操作者更明确加工的内容、装夹方式、各个加工部位所选用的刀具及其他技术问题。数控加工技术文件主要有：数控编程任务书、工件安装和原点设定卡片、数控加工工序卡片、数控加工走刀路线图、数控刀具卡片等。下面提供了常用文件格式，文件格式可根据企业实际情况自行设计。

1. 数控编程任务书

数控编程任务书阐明了工艺人员对数控加工工序的技术要求和工序说明，以及数控加工前应保证的加工余量。它是编程人员和工艺人员协调工作和编制数控程序的重要依据之一，如表 1-3 所示。

表 1-3 　　　　　　　　　　　　数控编程任务书

工艺处	数控编程任务书	产品零件图号		任务书编号	
		零件名称			
		使用数控设备		共　页第　页	

主要工序说明及技术要求：

		编程收到日期		月　日	经手人	
编制		审核		编程	审核		批准	

2. 数控加工工件安装和原点设定卡片

数控加工工件安装和原点设定卡简称装夹图和零件设定卡。卡中应标示出数控加工原点的定位方法和工件夹紧方法，并应注明加工原点的设置位置和坐标方向，使用的夹具名称和编号等，如表 1-4 所示。

表 1-4 　　　　　　　　　　　　工件安装和原点设定卡片

零件图号	J30102-4	数控加工工件安装和原点设定卡片	工序号	
零件名称	行星架		装夹次数	

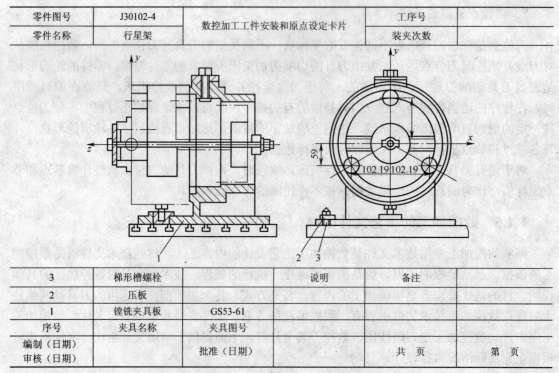

3	梯形槽螺栓		说明	备注	
2	压板				
1	镗铣夹具板	GS53-61			
序号	夹具名称	夹具图号			
编制（日期）审核（日期）		批准（日期）		共　页	第　页

3. 数控加工工序卡片

数控加工工序卡与普通加工工序卡有许多相似之处，所不同的是：工序简图中应注明编程原点与对刀点，要进行简要编程说明（如：所用机床型号、程序编号、刀具半径补偿、镜向对称加工方式等）及切削参数（即程序编入的主轴转速、进给速度、最大背吃刀量或宽度等）的选择，如表 1-5 所示。

表 1-5 　　　　　　　　　　　　　　**数控加工工序卡片**

单位	数控加工工序卡片		产品名称或代号		零件名称	零件图号
工序简图			车　间		使用设备	
			工艺序号		程序编号	
			夹具名称		夹具编号	
工步号	工步作业内容		刀具号	刀补量	主轴转速	进给速度	背吃刀量	备注
编制		审核		批准		年 月 日		共　页	第　页

4. 数控加工走刀路线图

在数控加工中，要注意防止刀具在运动过程中与夹具或工件发生意外碰撞，为此必须设法告诉操作者关于编程中的刀具运动路线（如：从哪里下刀、在哪里抬刀、哪里是斜下刀等）。为简化走刀路线图，一般可采用统一约定的符号来表示。不同的机床可以采用不同的图例与格式，表 1-6 所示为一种常用格式。

表 1-6 　　　　　　　　　　　　　　**数控加工走刀路线图**

数控加工走刀路线图		零件图号	NC01	工序号		工步号		程序号	O100
机床型号	XK5032	程序段号	N10～N170	加工内容		铣轮廓周边		共 1 页	第　页

编程	
校对	
审批	

符号	⊙	⊗	◉	○→	→	⌁	○─○─	⌒○─○	⇉
含义	抬刀	下刀	编程原点	起刀点	走刀方向	走刀线相交	爬斜坡	铰孔	行切

5. 数控刀具卡片

数控加工时,对刀具的要求十分严格,一般要在机外对刀仪上预先调整刀具直径和长度。刀具卡反映刀具编号、刀具结构、尾柄规格、组合件名称代号、刀片型号、材料等。它是组装刀具和调整刀具的依据,如表 1-7 所示。

表 1-7 数控刀具卡片

零件图号			数控刀具卡片				使用设备
刀具名称							
刀具编号		换刀方式			程序编号		
刀具组成	序号	编号		刀具名称	规格	数量	备注
	1						
	2						
	3						
备注							
编制		审校		批准		共 页	第 页

不同的机床或不同的加工目的可能会需要不同形式的数控加工专用技术文件。在工作中,可根据具体情况设计文件格式。

练 习 题

1. 数控机床加工程序的编制方法有哪些?它们分别适用于什么场合?
2. 数控编程开始前,进行工艺分析的目的是什么?
3. 如何选择一个合理的编程原点。
4. 简述机床原点、机床参考点、工件坐标系原点的概念。
5. 试画出下列数控机床的机床坐标系。
(1) 卧式车床。
(2) 立式铣床。
(3) 卧式铣床。
6. 什么叫基点?什么叫节点?它们在零件轮廓上的数目如何确定?
7. 何谓对刀点?何谓换刀点?
8. 何谓刀位点?指出立铣刀、球头铣刀和钻头的刀位点。
9. 简要说明切削用量三要素选择的原则。
10. 在数控机床上加工时,定位基准和夹紧方案的选择应考虑哪些问题?
11. 指出下列夹紧方案中(见图 1-22~图 1-25)的不合理之处,并提出改进方案。

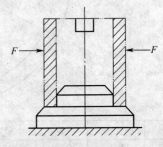

图 1-22 练习题 11 题夹紧方案 1

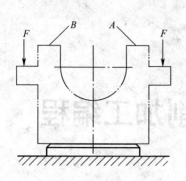

图 1-23 练习题 11 题夹紧方案 2

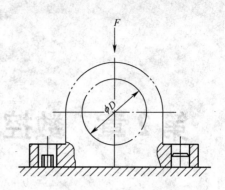

图 1-24 练习题 11 题夹紧方案 3

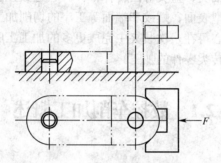

图 1-25 练习题 11 题夹紧方案 4

第 2 章　数控车削加工编程

数控车床主要用于加工轴类、盘类等回转体零件。通过数控加工程序的运行，可自动完成内外圆柱面、圆锥面、成型表面、螺纹和端面等工序的切削加工，并能进行车槽、钻孔、扩孔、铰孔等工作。车削中心可在一次装夹中完成更多的加工工序，提高加工精度和生产效率，特别适合于复杂形状回转类零件的加工。

2.1　数控车削加工概述

2.1.1　数控车床的分类

1. 按车床主轴的配置形式分

① 卧式数控车床：机床主轴轴线处于水平位置。卧式数控车床又分为数控水平导轨卧式车床和数控倾斜导轨卧式车床。倾斜导轨结构可以使车床具有更大的刚性，并易于排除切屑。

② 立式数控车床：机床主轴轴线垂直于水平面。主要用于加工径向尺寸大、轴向尺寸相对较小的大型复杂零件。

2. 按数控系统控制的轴数分

① 两轴控制的数控车床：机床上只有一个回转刀架，可实现两坐标轴联动控制。

② 四轴控制数控车床：机床上只有两个回转刀架，可实现四坐标轴联动控制。

③ 多轴控制数控机床：机床上除了控制 X、Z 两坐标轴外，还可控制其他坐标轴，实现多轴控制，如具有 C 轴控制功能。车削加工中心或柔性制造单元，都具有多轴控制功能。

3. 按数控系统的功能分

① 经济型数控车床（简易数控车床）：一般采用步进电机驱动的开环伺服系统，具有 CRT 显示、程序存储、程序编辑等功能，加工精度较低，功能较简单。

② 全功能型数控车床：较高档次的数控车床，具有刀尖圆弧半径自动补偿、恒线速、倒角、固定循环、螺纹切削、图形显示、用户宏程序等功能，加工能力强，适宜于加工精度高、形状复杂、循环周期长、品种多变的单件或中小批量零件的加工。

③ 精密型数控车床：采用闭环控制，不但具有全功能型数控车床的全部功能，而且机械系统的动态响应较快，在数控车床基础上增加其他附加坐标轴。适用于精密和超精密加工。

2.1.2 数控车削加工的主要对象

数控车削主要用于加工精度要求高，表面粗糙度值要求小，零件形状复杂，单件、小批量生产的轴套类、盘类等回转表面的加工；也可以钻孔、扩孔、镗孔以及切槽加工；还可以在内、外圆柱表面上，内、外圆锥表面上加工各种螺距的螺纹。与普通车削加工相比，在下述几方面加工时数控车削更具有优势。

1. 轮廓形状特别复杂或难于控制尺寸的回转体零件加工

车床数控装置都具有直线和圆弧插补功能，还有部分车床数控装置有某些非圆曲线的插补功能，所以能车削任意平面曲线轮廓所组成的回转体零件，包括通过拟合计算处理后的、不能用方程描述的列表曲线类零件。

难于控制尺寸的零件，如具有封闭内成型面的壳体类零件以及如图 2-1 所示的 "口小肚大" 的特形内表面零件。

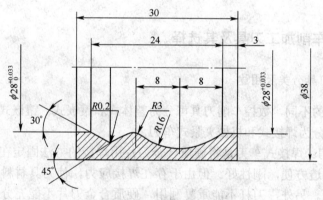

图 2-1 特殊内表面零件示例

成型面零件、非标准螺距（或导程）、变螺距、等螺距与变螺距或圆柱与圆锥螺旋面之间作平滑过渡的螺旋零件都可在数控车床上加工。

2. 高精度零件加工

零件的精度要求主要指尺寸、形状、位置、表面等精度要求，其中的表面精度主要指表面粗糙度。例如：尺寸精度高（达 0.001mm 或更小）的零件；圆柱度要求高的圆柱体零件；素线直线度要求高的零件（其轮廓形状精度可超过用数控线切割加工的样板精度）；在特种精密数控机床上，还可加工出几何轮廓精度极高（达 0.0001mm）、表面粗糙度数值极小（Ra 达 0.02μm）的超精零件（如复印机中的回转鼓及激光打印机上的多面反射体等），以及通过恒线速度切削功能，加工表面要求精度高的各种变径表面类零件等。

3. 淬硬工件的加工

在大型模具加工中，有不少尺寸大且形状复杂的零件。这些零件热处理后的变形量较大，磨削加工有困难，而在数控车床上可以用陶瓷车刀对淬硬后的零件进行车削加工，以车代磨，提高加工效率。

4. 高效率加工

为了进一步提高车削加工的效率，通过增加车床的控制坐标轴，就能在一台数控车床上同时加工出两个多工序的相同或不同的零件。

2.1.3 车床数控系统及功能

数控系统是数控机床的核心。不同数控机床可能配置不同的数控系统，不同的数控系统，其指令代码也有差别，编程时应首先阅读机床的使用说明书，根据机床所使用的数控系统指令代码及编程格式进行编程。

本章重点以 FANUC 0i Mate-TC 系统为主介绍数控车削加工编程。

2.2 数控车削加工的工艺与工装

2.2.1 数控车削加工刀具及其选择

1. 数控车削刀具分类及用途

根据刀具结构的不同，数控车削刀具可分为整体式和镶嵌式。镶嵌式刀具按车刀与刀体固定方式的不同又分为焊接式和机械夹紧式车刀。

① 焊接式车刀：焊接式车刀是将硬质合金刀片用焊接的方法固定在刀体上。焊接式车刀的结构简单，制造方便，刚性好。但由于存在焊接应力，使刀具材料的使用性能受到影响，甚至出现裂纹。另外，刀杆不能重复利用，硬质合金刀片不能充分回收利用，造成材料的浪费。

根据加工表面及用途的不同，焊接式车刀分为切断刀、外圆刀、端面车刀、内孔车刀、螺纹车刀以及成型车刀等。如图 2-2 所示。

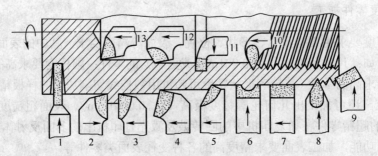

1—切断刀；2—90°左偏刀；3—90°右偏刀；4—弯头车刀；5—直头车刀；6—成型车刀；7—宽刃精车刀；
8—外螺纹车刀；9—端面车刀；10—内螺纹车刀；11—内槽车刀；12—通孔车刀；13—盲孔车刀

图 2-2　焊接式车刀的种类、形状和用途

② 机夹可转位车刀：机械夹紧式车刀分为不转位和可转位两种。可转位车刀是使用可转位刀片的机夹车刀，把经过研磨的可转位多边形刀片用夹紧组件夹在刀杆上。可转位车刀在使用过程中，切削刃磨钝后，通过刀片的转位，即可用新的切削刃继续加工，只有当多边形车刀所有的切削刃都磨钝后，才需要更换刀片。数控车削加工时，为了减少换刀时间和方便对刀，尽量采用机夹车刀和机夹刀片，便于实现机械加工的标准化。

数控车床常用的机夹可转位式车刀结构型式如图 2-3 所示。

数控车床常用的机夹可转位车刀常见刀片形式如图 2-4 所示。

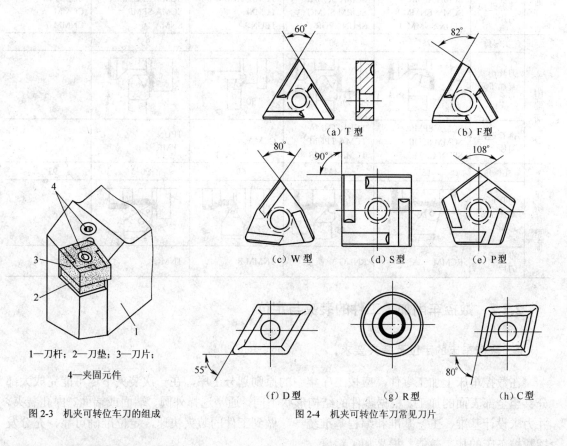

1—刀杆；2—刀垫；3—刀片；

4—夹固元件

图 2-3 机夹可转位车刀的组成

图 2-4 机夹可转位车刀常见刀片

2. 数控车削刀具的选用

（1）刀片材质的选择

常见刀片材料有高速钢、硬质合金、涂层硬质合金、陶瓷、立方氮化硼和金刚石等，其中应用最多的是硬质合金和涂层硬质合金刀片。选择刀片材质主要依据被加工工件的材料、被加工表面的精度、表面质量要求、切削载荷的大小以及切削过程有无冲击和振动等。

（2）刀片尺寸的选择

刀片尺寸的大小取决于必要的有效切削刃长度 L。有效切削刃长度与背吃刀量 a_p 和车刀的主偏角 kr 有关，使用时可查阅有关刀具手册选取。

（3）刀片形状的选择

刀片形状主要依据被加工工件的表面形状、切削方法、刀具寿命和刀片的转位次数等因素选择。被加工表面与适用的刀片形状可参考表 2-1 选取。

表 2-1 被加工表面与适用的刀片形状

	主偏角	45°	45°	60°	75°	95°
车削外圆表面	刀片形状及加工示意图	45°	45°	60°	75°	95°
	推荐选用刀片	SCMA SPMR SCMM SNMM-8 SPUN SNMM-9	SCMA SPMR SCMM SNMG SPUN SPGR	TCMA TNMM-8 TCMM TPUN	SCMM SPUM SCMA SPMR SNMA	CCMA CCMM CNMM-7
	主偏角	75°	90°	90°	95°	
车削端面	刀片形状及加工示意图	75°	90°	90°	95°	
	推荐选用刀片	SCMA SPMR SCMM SPUR SPUN CNMG	TNUN TNMA TCMA TPUM TCMM TPMR	CCMA	TPUN TPMR	
	主偏角	15°	45°	60°	90°	93°
车削成型面	刀片形状及加工示意图	15°	45°	60°	90°	
	推荐选用刀片	RCMM	RNNG	TNMM-8	TNMG	TNMA

2.2.2 数控车削加工工件的装夹与定位

1. 数控车床的定位及装夹要求

在数控车床上加工零件，应按工序集中的原则划分工序，在一次装夹下尽可能完成大部分甚至全部表面的加工。根据零件的结构形状不同，通常选择外圆、端面或端面、内孔装夹，并力求设计基准、工艺基准和编程基准统一。做到工件的装夹快速，定位准确可靠，充分发挥数控车床的加工效能，提高加工精度。

选用夹具时，通常考虑以下几点。

① 尽量选用可调整夹具，组合夹具及其他适用夹具，避免采用专用夹具，以缩短生产准备时间。

② 在成批生产时，才考虑采用专用夹具，并力求结构简单。

③ 装卸工件要迅速方便，以减少机床的停机时间。

④ 夹具在机床上安装要准确可靠，以保证工件在正确的位置上加工。

2. 常用的夹具类型

在数控加工中，为了充分发挥数控机床的高速度、高精度等特点，数控车床夹具除了使用通用的三爪自定心卡盘、四爪卡盘和为大批量生产中使用自动控制的液压电动及气动夹具外，还有多种相应的实用夹具。它们主要分两类：用于轴类工件的夹具和用于盘类工件的夹具。

3. 常用的定位方法

对于轴类零件，通常以零件自身的外圆柱面作定位基准来定位；对于套类零件，则以内孔为定位基准，按定位元件不同有以下几种定位方法。

① 圆柱心轴定位夹具：加工套类零件时，常用工件的孔在圆柱心轴上定位，孔与心轴常采用 H7/h6 或 H7/g6 配合。

② 小锥度心轴定位夹具：将圆柱心轴改成锥度很小的锥体（C=1/1000～1/5000）时，就成了小锥度心轴。工件在小锥度心轴定位，消除了径向间隙，提高了心轴的定心精度。定位时，工件楔紧在心轴上，靠楔紧产生的摩擦力带动工件，不需要再夹紧，且定心精度高。缺点是工件在轴向不能定位。这种方法适用于有较高精度定位孔的工件精加工。

③ 圆锥心轴定位夹具：当工件的内孔为锥孔时，可用与工件内孔锥度相同的锥度心轴定位。为了便于卸下工件，可在芯轴大端配上一个旋出工件的螺母。

④ 螺纹心轴定位夹具：当工件内孔是螺孔时，可用螺纹心轴定位夹具。

另外，还有花键心轴、张力心轴定位等。常用的心轴如图 2-5 所示。

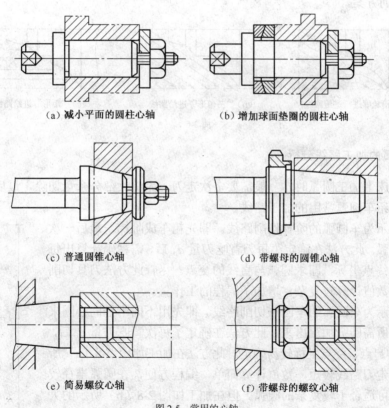

（a）减小平面的圆柱心轴　　　　　　（b）增加球面垫圈的圆柱心轴

（c）普通圆锥心轴　　　　　　（d）带螺母的圆锥心轴

（e）简易螺纹心轴　　　　　　（f）带螺母的螺纹心轴

图 2-5　常用的心轴

2.2.3　数控车削加工的工艺路线的制定

走刀路线是指刀具从对刀点开始运动起，至程序加工结束所经过的路径，包括切削加工的路径和刀具切入、切出等非切削的空行程。设计好走刀路线是编制合理的加工程序的前提条件之一。数控车削加工走刀路线的设计主要遵循以下原则。

① 保证零件的加工精度和表面粗糙度的要求。

② 提高加工效率。

下面举例分析数控车床加工零件时常用的加工路线。

1. 粗加工进给路线分析

切削进给路线最短，可有效地提高生产效率，降低刀具的损耗等。在安排粗加工或半精加工的切削进给路线时，应同时兼顾到被加工零件的刚性及进给的工艺性等要求，不要顾此失彼。例如图 2-6 所示为粗车零件时几种不同切削进给路线的安排示意图。

图 2-6（a）表示利用数控系统具有的封闭式复合循环功能控制车刀沿着工件轮廓进行进给的路线，此种加工路线，刀具切削总行程最长，一般只用于单件小批量生产；图 2-6（b）为利用其程序固定循环功能安排的"三角形"进给路线，刀具切削运动的距离较短，但空行程较多，图 2-6（c）为利用其矩形循环功能而安排的"矩形"进给路线，刀具进给长度总和最短，切削所需时间（不含空行程）最短，刀具的损耗也最少。因此在同等条件下应选择图 2-6（c）所示的方案。

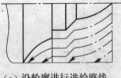 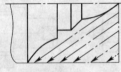 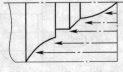

（a）沿轮廓进行进给路线 　　（b）"三角形"进给路线 　　（c）"矩形"进给路线

图 2-6

2. 车圆弧的加工路线分析

在数控车床上加工圆弧时，一般需要多次走刀，先将大部分余量切除，最后才车得所需圆弧。下面介绍车圆弧常用的加工路线。

图 2-7 所示为车圆弧的阶梯切削路线。即先粗车成阶梯，最后一次走刀精车出圆弧。此方法在确定了每刀背吃刀量 a_p 后，需精确计算出每次走刀的 Z 向终点坐标，即求圆弧与直线的交点。尽管此方法刀具切削距离较短，但数值计算较复杂，增加了编程的工作量。

图 2-8 所示为车圆弧的车圆法切削路线。即先用不同半径同心圆来车削，最后将所需圆弧加工出来。此方法在确定了每次背吃刀量 a_p 后，对 90° 圆弧的起点、终点坐标较易确定。此方法在加工如图 2-8（a）所示的小圆弧时走刀路线较短，数值计算简单，编程方便，在圆弧半径较小时常采用，可适合于较复杂的圆弧。但在加工如图 2-8（b）所示的大圆弧时空行程较长。

图 2-9 所示为车圆弧的车锥法切削路线，即先车一个圆锥，再车圆弧。但要注意车锥时起点和终点的确定。若确定不好，则可能损坏圆弧表面，也可能将余量留得过大。此方法数值计算较繁，但其刀具切削路线较短。

图 2-7 车圆弧的阶梯切削路线

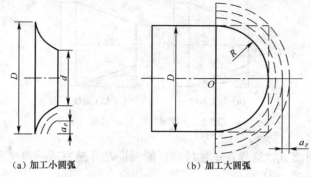

　　（a）加工小圆弧　　　　　　　　　（b）加工大圆弧

图 2-8　同心圆弧切削路线车圆弧

3. 车圆锥的加工路线分析

　　在车床上车外圆锥时可以分为车正锥和车倒锥两种情况，而每一种情况又有两种加工路线。如图 2-10 所示为车正锥的两种加工路线。

　　按图 2-10（a）所示车正锥时，需要计算终刀距 S，可由相似三角形求得。按此种加工路线，刀具切削运动的距离较短。

　　当按图（b）所示的走刀路线车正锥时，则不需要计算终刀距 S，只要确定了背吃刀量 a_p，即可车出

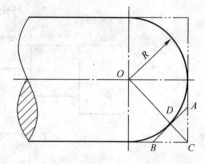

图 2-9　车锥法切削路线车圆弧

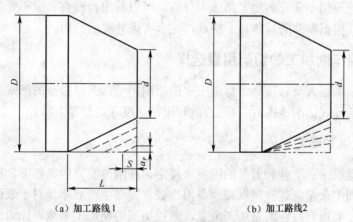

　　（a）加工路线1　　　　　　　　　（b）加工路线2

图 2-10　车正锥的两种加工路线

圆锥轮廓，编程方便。但在每次切削中背吃刀量是变化的，且刀切削运动的路线较长。

　　图 2-11 所示为车倒锥的两种加工路线，车锥原理与正锥相同。

4. 车螺纹时轴向进给距离的分析

　　车螺纹时，刀具沿螺纹方向的进给应与工件主轴旋转保持严格的速比关系，如图 2-12 所示。而刀具从停止状态到达指定的进给速度或从指定的进给速度降为零，驱动系统必须有一个过渡过程，因此沿轴向进给的加工路线长度除保证加工螺纹长度外，还应该增加刀具引入

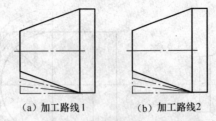

（a）加工路线1　　　（b）加工路线2

图 2-11　车倒锥的两种加工路线

距离 δ_1 和刀具切出距离 δ_2，这样在车螺纹时，能保证在升速完成后再使刀具接触工件，刀具离开工件后再降速。

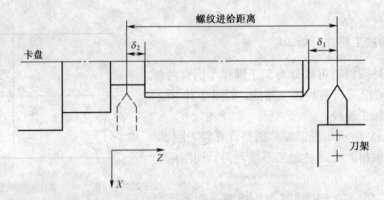

图 2-12　车螺纹时的引入、引出距离

通过上述数控车削中常见的加工路线的分析，可以看出，没有一成不变的加工路线。在实际加工中，需要根据零件的具体加工特点，综合考虑并灵活应用。

2.2.4　数控车削加工的切削用量选择

数控编程时，编程人员必须确定每道工序的切削用量，并以指令的形式写入程序中。切削用量包括主轴转速（切削速度）、背吃刀量和进给速度（进给量）等。

1．背吃刀量 a_p 的确定

背吃刀量根据机床、工件和刀具的刚度来决定，在刚度允许的条件下，应尽可能使背吃刀量等于工件的加工余量，这样可以减少走刀次数，提高生产效率。对于表面粗糙度和精度要求较高的零件，要留有足够的精加工余量，数控加工的精加工余量可比通用机床加工的余量小一些，一般为 0.2～0.5mm。

2．主轴转速 n 的确定

（1）车光轴时的主轴转速

主轴转速 n（r/min）主要根据机床和刀具允许的切削速度 v_c（m/min）来确定，切削速度确定后，用下式计算主轴转速：

$$n = \frac{1000v_c}{\pi D}$$

式中，v_c——切削速度，由刀具的耐用度决定；

　　　D——工件或刀具直径（mm）。

主轴转速 n 要根据计算值在机床说明书中选取标准值。并填入程序单中。

在确定主轴转速时，还应考虑以下几点。

① 应尽量避开积屑瘤产生的区域。

② 断续切削时，为减小冲击和热应力，要适当降低切削速度。

③ 在易发生振动的情况下，切削速度应避开自激振动的临界速度。

④ 加工大件、细长件和薄壁工件时，应选用较低的切削速度。

⑤ 加工带外皮的工件时，应适当降低切削速度。

（2）车螺纹时的主轴转速

在车螺纹时，车床主轴转速受螺纹的导程（螺距）、电机调速和螺纹插补运算等因素的影响，转速不能过高。

因此，车床数控系统推荐车螺纹时主轴转速如下：

$$n \leqslant \frac{1200}{P} - k$$

式中，P——被加工螺纹导程（螺距），mm；

　　　k——保险系数，一般为 80。

3. 进给速度进给量（进给速度）f 的确定

进给量（进给速度）f（mm/min 或 mm/r）是数控机床切削用量中的重要参数，主要根据零件的加工精度、表面粗糙度要求、刀具及工件的材料性质选取。最大进给量受机床、刀具、工件系统刚度和进给驱动及控制系统的限制。

当加工精度、表面粗糙度要求高时，进给速度（进给量）应选小些，一般在 20～50mm/min 选取。粗加工时，为缩短切削时间，一般进给量就取得大些。工件材料较软时，可选用较大的进给量；反之，应选较小的进给量。

4. 选择切削用量时应注意的几个问题

以上切削用量选择是否合理，对于实现优质、高产、低成本和安全操作具有很重要的作用。

切削用量选择的一般原则如下。

① 粗车时，一般以提高生产率为主，但也应考虑经济性和加工成本，宜选择大的背吃刀量 a_p，较大的进给量 f，增大进给量 f 有利于断屑，较低的切削速度 v_c，减少刀具消耗，降低加工成本。

② 半精车或精车时，加工精度和表面粗糙度要求较高，加工余量不大且均匀，应在保证加工质量的前提下，兼顾切削效率、经济性和加工成本，通常选择较小的背吃刀量 a_p 和进给量 f，并选用切削性能高的刀具材料和合理的几何参数，以尽可能提高切削速度，以保证零件加工精度和表面粗糙度。

③ 在安排粗、精车用量时，应注意机床说明书给定的允许切削用量范围。对于主轴采用交流变频调速的数控车床，由于主轴在低转速时扭矩降低，尤其应注意此时的切削用量选

择。表 2-2 所示为数控车削切削用量推荐表，供编程时参考。

表 2-2 切削用量推荐数据

工 件 材 料	加 工 方 式	背吃刀量/mm	切削速度/（m/min）	进给量/（mm/r）	刀 具 材 料
碳素钢 $\sigma_b>600MPa$	粗加工	5～7	60～80	0.2～0.4	YT 类
	粗加工	2～3	80～120	0.2～0.4	
	精加工	0.2～0.3	120～150	0.1～0.2	
	车螺纹		70～100	导程	
	钻中心孔		500～800r/min		W18Cr4V
	钻 孔		～30	0.1～0.2	
	切断（宽度＜5mm）		70～110	0.1～0.2	YT 类
合金钢 $\sigma_b=1470MPa$	粗加工	2～3	50～80	0.2～0.4	YT 类
	精加工	0.1～0.15	60～100	0.1～0.2	
	切断（宽度＜5mm）		40～70	0.1～0.2	
铸 铁 200HBS 以 下	粗加工	2～3	50～70	0.2～0.4	YG 类
	精加工	0.1～0.15	70～100	0.1～0.2	
	切断（宽度＜5mm）		50～70	0.1～0.2	
铝	粗加工	2～3	600～1000	0.2～0.4	YG 类
	精加工	0.2～0.3	800～1200	0.1～0.2	
	切断（宽度＜5mm）		600～1000	0.1～0.2	
黄铜	粗加工	2～4	400～500	0.2～0.4	YG 类
	精加工	0.1～0.15	450～600	0.1～0.2	
	切断（宽度＜5mm）		400～500	0.1～0.2	

总之，切削用量的具体数值应根据机床说明书，切削用量手册的说明并结合实际经验确定。同时，使主轴转速、背吃刀量及进给速度三者能相互适应，以形成最佳切削用量。

2.3 数控车床编程概述

2.3.1 数控车床的坐标系

1. 机床坐标系

数控车床的坐标系如图 2-13 所示。由第 1 章标准坐标系及其运动方向规定可知，车床坐标系中，平行主轴轴线的坐标轴为 Z 轴，垂直于主轴的方向为 X 轴方向，即 X 轴在工件的径向上，且平行于横向拖板，刀具离开工件旋转中心的方向为 X 坐标的正方向。机床坐标系原点即机械原点一般位于卡盘端面与主轴轴线的交点上，如图 2-13 所示分别为前置刀架和后置刀架的数控车床的机床坐标系。

2. 工件坐标系的建立

加工坐标系应与机床坐标系的坐标方向一致，X 轴对应径向，Z 轴对应轴向，C 轴（主

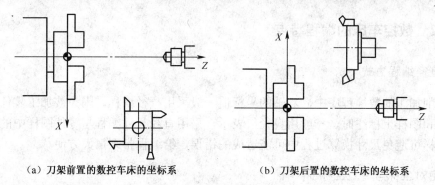

（a）刀架前置的数控车床的坐标系　　　　（b）刀架后置的数控车床的坐标系

图 2-13　数控车床的坐标系

轴）的运动方向则以从机床尾架向主轴看，逆时针为+C 向，顺时针为-C 向。加工坐标系的原点选在便于测量或对刀的基准位置，一般在工件的右端面或左端面上。如图 2-14 所示。

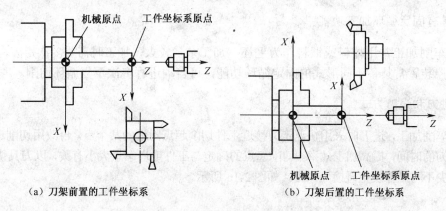

（a）刀架前置的工件坐标系　　　　　（b）刀架后置的工件坐标系

图 2-14　数控车床工作坐标系的建立

3. 机床参考点

机床参考点由机床行程限位开关和基准脉冲来确定，它与机床坐标系原点有着准确的位置关系。数控车床的参考点一般位于行程的正极限点上，如图 2-15 所示。通常机床通过返回参考点的操作来找到机械原点。所以，开机后、加工前首先要进行返回参考点的操作。

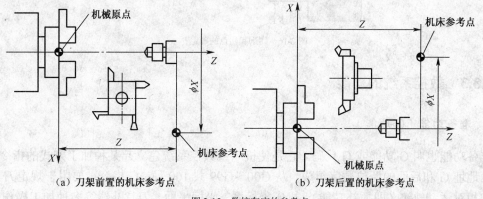

（a）刀架前置的机床参考点　　　　　（b）刀架后置的机床参考点

图 2-15　数控车床的参考点

2.3.2 数控车床的编程特点

1．直径编程方式

在车削加工的数控程序中，X 轴的坐标值一般采用直径编程。因为被加工零件的径向尺寸在测量和图样上标注时，一般用直径值表示，采用直径尺寸编程与零件图样中的尺寸标注一致，这样可避免尺寸换算过程中可能造成的错误，给编程带来很大方便。

2．绝对坐标与增量坐标

FANUC 数控系统的数控车床，是用地址符来指令坐标字的输入形式的，在一个程序段中，可以采用绝对值编程或增量值编程，也可以采用混合编程。地址符 X、Z 表示绝对坐标，地址 U、W 表示增量坐标编程。

3．具有固定循环加工功能

由于车削加工常用棒料或锻料作为毛坯，加工余量较大，加工时需要多次走刀，为简化编程，数控装置常具备不同形式的固定循环功能，可自动进行多次重复循环切削。

4．进刀和退刀方式

对于车削加工，进刀时采用快速走刀接近工件切削起点附近的某个点，再改用切削进给，以减少空走刀的时间，提高加工效率。切削起点的确定与工件毛坯余量大小有关，以刀具快速走到该点时刀尖不与工件发生碰撞为原则。如图 2-16 所示。

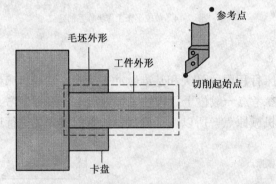

图 2-16　切削起始点的确定

2.3.3 数控系统的功能

1．准备功能（G 功能）

准备功能也叫 G 功能或 G 代码。它是使机床或数控系统建立起某种加工方式的指令。G代码由地址 G 和后面的两位数字组成，从 G00～G99 共 100 种。G 指令主要用于规定刀具和工件的相对运动轨迹（即插补功能）、机床坐标系、坐标平面、刀具补偿等多种加工操作。不同的数控系统，G 指令的功能不同，编程时需要参考机床制造厂的编程说明书。本章主要介绍 FANUC 0i Mate-TC 系统的编程指令，其代码功能如表 2-3 所示。

表 2-3 准备功能代码表

G 代码			组	功 能
A	B	C		
G00	G00	G00		定位（快速）
G01	G01	G01	01	直线插补（切削进给）
G02	G02	G02		顺时针圆弧插补
G03	G03	G03		逆时针圆弧插补
G04	G04	G04		暂停
G07.1 (G107)	G07.1 (G107)	G07.1 (G107)	00	圆柱插补
G10	G10	G10		可编程数据输入
G11	G11	G11		可编程数据输入取消
G12.1 (G112)	G12.1 (G112)	G12.1 (G112)	21	极坐标插补方式
G13.1 (G113)	G13.1 (G113)	G13.1 (G113)		极坐标插补取消方式
G18	G18	G18	16	ZPXP 平面选择
G20	G20	G70	06	英寸输入
G21	G21	G71		毫米输入
G22	G22	G22	09	存储行程检查接通
G23	G23	G23		存储行程检查断开
G27	G27	G27		返回参考点检查
G28	G28	G28	00	返回参考位置
G30	G30	G30		
G31	G31	G31		跳转功能
G32	G33	G33	01	螺纹切削
G40	G40	G40		刀尖半径补偿取消
G41	G41	G41	07	刀尖半径左补偿
G42	G42	G42		刀尖半径右补偿
G50	G92	G92		坐标系设定或最大主轴速度设定
G50.3	G92.1	G92.1	00	工件坐标系预制
G52	G52	G52		局部坐标系设定
G53	G53	G53		机床坐标系选择
G54	G54	G54		选择坐标系 1
G55	G55	G55		选择坐标系 2
G56	G56	G56		选择坐标系 3
G57	G57	G57	14	选择坐标系 4
G58	G58	G58		选择坐标系 5
G59	G59	G59		选择坐标系 6

G 代码			组	功 能
A	**B**	**C**		
G65	G65	G65	00	宏程序调用
G66	G66	G66	12	宏程序模态调用
G67	G67	G67		宏程序模态调用取消
G70	G70	G72		精加工复合循环
G71	G71	G73		粗车外圆复合循环
G72	G72	G74		粗车端面复合循环
G73	G73	G75	00	固定形状粗加工复合循环
G74	G74	G76		端面深孔复合钻削
G75	G75	G77		外径/内径钻孔
G76	G76	G78		螺纹切削复循环
G90	G77	G20		外径/内径车削循环
G92	G78	G21	01	螺纹切削循环
G94	G79	G24		端面车削循环
G96	G96	G96	02	恒表面切削速度控制
G97	G97	G97		恒表面切削速度控制取消
G98	G94	G95	05	每分进给
G99	G95	G95		每转进给
-	G90	G90	03	绝对值编程
-	G91	G91		增量值编程
-	G98	G98	11	返回到初始点
-	G99	G99		返回到 R 点

注:

① 00 组的 G 代码为非模态,其他均为模态 G 代码。

② G 代码按其功能的不同分为若干组。G 代码有两类:模态式 G 代码和非模态式 G 代码,其中非模态式 G 代码只限于在被指定的程序段中有效,模态式 G 代码具有续效性,在后续程序段中,只要同组其他 G 代码未出现之前一直有效。

③ 不同组的 G 代码在同一个程序段中可以指令多个,但如果在同一个程序段中指令了两个或两个以上属于同一组的 G 代码时,只有最后面那个 G 代码有效。如果在程序中指令了 G 代码表中没有列出的 G 代码,则显示报警。

④ 表 2-3 中所示的 BEIJING-FANUC 0i-TC 数控系统的 G 功能有 A、B、C 三种类型,一般数控车床设定为 A 类型,本章介绍 A 类型的 G 功能。

2. 辅助功能(M 功能)

辅助功能是用地址 M 及两位数字表示的。它主要用来表示机床操作时各种辅助动作及其状态。其特点是靠继电器的得、失电来实现其控制过程,如表 2-4 所示。

表 2-4　　　　　　　　　　　辅助功能代码表

代 码	功 能	说 明
M00	程序暂停	执行完 M00 指令后,机床所有动作均被切断。重新按下自动循环启动按钮,使程序继续运行
M01	计划暂停	与 M00 作用相似,但 M01 可以用机床"任选停止按钮"选择是否有效;只有当机床操作面板上的"任选停止"开关置于接通位置时,CNC 才执行该功能。执行完 M01 指令后,自动运行停止
M03	主轴顺时针旋转	主轴顺时针旋转

代　码	功　能	说　明
M04	主轴逆时针旋转	主轴逆时针旋转
M05	主轴旋转停止	主轴旋转停止
M08	冷却液开	冷却液开
M09	冷却液关	冷却液关
M02	主程序结束	执行指令后，机床便停止自动运转，机床处于复位状态
M30	主程序结束	执行 M30 后，返回到程序的开头，而 M02 可用参数设定不返回到程序开头，程序复位到起始位置
M98	调用子程序	调用子程序
M99	子程序结束	子程序结束，返回主程序

3．主轴功能（S 功能）

主轴转速功能表示机床主轴的转速大小，用地址 S 和其后的数字组成。

（1）恒线速取消（G97）：

指令格式：G97 S_

G97 是取消恒线速度控制的指令。采用此功能，可设定主轴转速并取消恒线速度控制，S 后面的数值表示恒线速度控制取消后的主轴每分钟的转数。该指令用于车削螺纹或工件直径变化较小的零件加工。例如：G97 S800 表示主轴转速为 800r/min，系统开机状态为 G97 状态。

（2）恒线速度控制（G96）

编程格式：G96 S_

S 后面的数字表示的是恒定的线速度：单位为 m/min。

G96 是恒线速度控制的指令。采用此功能，可保证当工件直径变化时，主轴的线速度不变，从而确保切削速度不变，提高了加工质量。控制系统执行 G96 指令后，S 后面的数值表示以刀尖所在的 X 坐标值为直径计算的切削速度。例如：G96 S150 表示切削点线速度控制在 150m/min。

对图 2-17 中所示的零件，为保持 A、B、C 各点的线速度在 150m/min，则各点在加工时的主轴转速分别为：

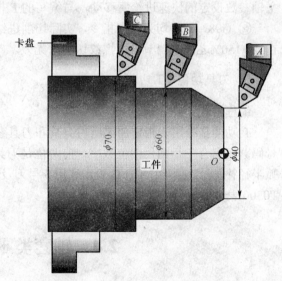

图 2-17　恒线速切削方式

A：$n=1000\times150\div(\pi\times40)\approx1193$r/min

B：$n=1000\times150\div(\pi\times60)\approx795$r/min

C：$n=1000\times150\div(\pi\times70)\approx682$r/min

（3）主轴最高速度限定（G50）：

编程格式：G50 S_

G50 除有坐标系设定功能外，还有主轴最高转速设定功能，即用 S 指定的数值设定主轴每分钟的最高转速。用恒线速度控制加工、锥度和圆弧时，由于 X 坐标值不断变化，当刀具逐渐接近工件的旋转中心时，主轴转速会越来越高，工件有从卡盘飞出的危险，该指令可防止因主轴转速转速过高，离心力太大，产生危险及影响机床寿命。事故的发生，有时必须限定。G50 S3000 表示最高转速限制为 3000r/min。

4．进给功能（F 功能）

进给功能表示刀具中心运动时的进给速度，刀具的切削进给速度由 F 和其后面的数值指定。数字的单位取决于数控系统所采用的进给速度的指定方法。

（1）每转进给量（G99）

编程格式 G99 F＿

F 后面的数值表示主轴每转刀具的进给量，单位 mm/r。如：G99 F0.2，表示进给量为 0.2mm/r。

（2）每分钟进给量（G98）

编程格式 G98 F＿

F 后面的数值表示刀具每分钟的进给量，单位为 mm/min。如：G98 F200 表示进给量为 200mm/min。

注意事项：

① 编写程序时，第一次遇到直线（G01）或圆弧（G02/GO3）插补指令时，必须编写 F 指令。如果没有编写 F 指令，CNC 采用 F0。当工作在快速定位方式时，机床将以通过机床主轴参数设定的快速进给率移动，与编写的 F 指令无关。

② G98、G99 均为模态指令，实际切削进给的速度可由操作面板上的进给倍率修调旋钮在 0～150%之间来调节，但螺纹切削时无效。

5．刀具功能（T 功能）

编程格式：T＿

T 功能指令用于指定加工所用刀具和刀具参数。T 后面通常有两位数表示所选择的刀具号码。但也有 T 后面用四位数字，前两位是刀具号，后两位是刀具长度补偿号，又是刀尖圆弧半径补偿号。例如：T0303 表示选用 3 号刀及 3 号刀具长度补偿值和刀尖圆弧半径补偿值。T0300 表示取消刀具补偿。

2.4　轴套类零件加工编程

2.4.1　基本指令

1．工件坐标系设定指令 G50

编程格式：G50 X＿ Z＿；

该指令是规定刀具起刀点（或换刀点）至工件原点的距离。坐标值 X、Z 为起刀点刀尖（刀位点）相对于加工原点的位置。在数控车床编程时，所有 X 坐标值均使用直径值，例如

图 2-18 所示，设置工件坐标系的程序段如下：

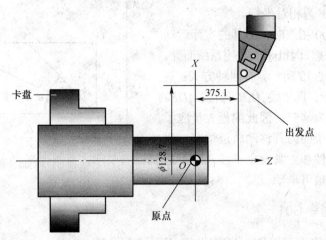

图 2-18　坐标系设定指令 G50

G50 X128.7 Z375.1;

执行该程序段后，系统内部即对（X128.7　Z375.1）进行记忆，并显示在显示器上，这就相当于在系统内部建立了一个以工件原点为坐标原点的工件坐标系。

显然，当 X、Z 值不同或改变刀具的当前位置时，所设定出的工件坐标系的工件原点位置也不同。因此在执行程序段 G50 X_ Z_前，必须先对刀，通过调整机床，将刀尖放在程序所要求的起刀点位置上。

2．公制/英制变换（G21、G20）

G20 指令坐标尺寸以英制输入。G21 指令坐标尺寸以公制输入。

注意：

① 必须在程序的开头一个独立的程序段指定上述 G 代码。然后才能输入坐标尺寸。当系统通电后，NC 保留前次关机时的 G20 或 G21；程序中间 G20 和 G21 不能转换；G20 和 G21 相互转换时，偏移量相应转换。

② 小数点输入

FANUC 系统需使用小数点输入数字。十进制小数点用于输入距离、速度或角度。小数点表示毫米、英寸、度数或时间秒。例如：

Z15.0 表示 Z 向 15mm 或 Z 向 15 英寸。

F10.0 表示速度为 10mm/min 或 10 英寸/min。

G04 X1.0 表示暂停 1.0 秒。

注意：有无小数点区别很大。如 X100.0 表示 X100mm，而 X100 则表示 X100um。

3．快速点位运动指令 G00

功能：控制刀具以点位控制方式，从刀具当前点快速移动到目标点，其移动速度由参数来设定。

编程格式：G00 X(U)_ Z(W)_;

式中，*X*、*Z* 为刀具移动的目标点坐标。*X*、*Z* 为绝对坐标，*U*、*W* 为相对坐标。

注意：使用 G00 指令时，刀具的实际运动路线并不一定是直线，因机床的数控系统而异。常见运动轨迹如图 2-19 所示，有四种方式：直线 *AB*、直角线 *ACB*、直角线 *AEB*、折线 *ADB*。折线的起始角一般为 45°。因此编程人员应了解所使用的数控系统的刀具移动轨迹情况，要注意刀具是否与工件和夹具发生干涉。对不适合联动的场合，每轴可单动。

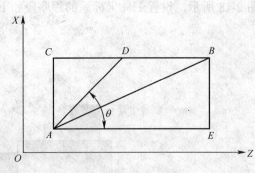

图 2-19　G00 常见运动轨迹

4. 直线插补指令 G01

编程格式：　　G01　X(U)＿　　Z(W)＿　　F＿；

功能：使刀具以指定进给速度 *F*，从当前点出发以直线插补方式移动到目标点。应用于端面、内外圆柱和圆锥面的加工。

说明：

① G01 指令后的坐标值取绝对值编程还是取增量值编程，由尺寸字地址决定。

② 进给速度由 F 指令决定。F 指令也是模态指令，它可以用 G00 指令消取。如果在 G01 程序段之前的程序段没有 F 指令，而现在的 G01 程序段中也没有 F 指令，则机床不运动。因此，G01 程序中必须含有 F 指令。

例如，如图 2-20 所示，选右端面回转中心 *O* 为编程原点。

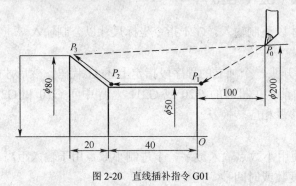

图 2-20　直线插补指令 G01

绝对值编程：

… …

N10 G00　X50.0　Z5.0　S800　T0101　M03；(P0 → P1)

N20 G01　Z-40.0　F0.3；(P1 → P2)

N30 X80.0　Z-60.0；(P2 → P3)

N40 G00　X200.0　Z100.0；(P3 → P0)

… …

增量值编程：

… …

N10 G00　U-150.0　W-95.0　S800　T0101　M03；

N20 G01　W-45.0　F100；

N30 U30.0　W-20.0；

N40 G00　U120.0　W160.0；

…　…

5．暂停指令 G04

编程格式：G04 X(P)_

功能及应用：该指令可使刀具做短时间的停顿。应用于车削沟槽或钻孔时，为提高槽底或孔底的表面加工质量及有利于铁屑充分排出，在加工到孔底或槽底时，暂停适当时间。

说明：地址码 X 或 P 为暂停时间。其中：X 后面可用带小数点的数，单位为 s，如 G04 X5 表示前面的程序执行完后，要经过 5s 的暂停，下面的程序段才执行；地址 P 后面不允许用小数点，单位为 ms。如 G04 P1000 表示暂停 ls。

例如，如图 2-21 所示，为利用暂停 G04 进行切槽加工的实例。对槽的外圆柱面粗糙度有要求，编写加工程序如下。

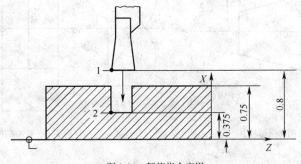

图 2-21　暂停指令应用

…　…

N060 G00 X1.6　　　　　　　；快速到①

N070 G01 X0.75 F0.05　　　　；以进给速度切削到②

N080 G04 X0.24　　　　　　　；暂停 0.24s

N090 G00 X1.6　　　　　　　；快速到①

…　…

2.4.2　单一循环指令

单一固定循环可以将一系列连续加工动作，如"切入-切削-退刀-返回"，用一个循环指令完成，从而简化程序。

1．圆柱面或圆锥面切削循环

圆柱面或圆锥面切削循环是一种单一固定循环，圆柱面单一固定循环如图 2-22 所示，圆锥面单

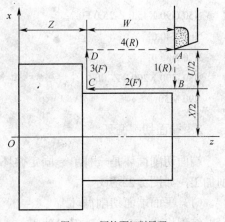

图 2-22　圆柱面切削循环

一固定循环如图 2-23 所示。

（1）圆柱面切削循环

编程格式：G90 X(U)_ Z(W)_ F_;

（2）圆锥面切削循环

编程格式：G90 X(U)_ Z(W)_ R_ F_;

式中，X、Z 为圆柱面切削的终点坐标值；U、W 为圆柱面切削的终点相对于循环起点的坐标分量。R 为圆锥面切削的起点相对于终点的半径差。如果切削起点的 X 向坐标小于终点的 X 向坐标，R 值为负，反之为正。如图 2-23 所示。

（3）应用举例

应用 G90 切削循环功能编写图 2-24 所示零件的加工程序为：

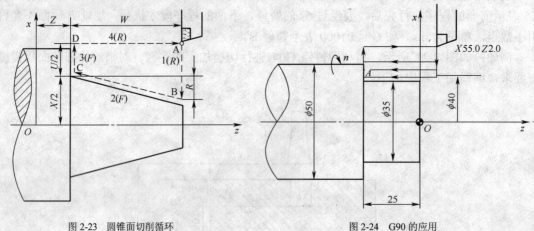

图 2-23 圆锥面切削循环   图 2-24 G90 的应用

O0010

N10 G50 X200.0 Z200.0 T0101；

N20 M03 S1000；

N30 G00 X55.0 Z2.0 M08；   （刀具定位到循环起点）

N40 G01 G96 S150；

N50 G90 X45.0 Z-25.0 F0.2；

N60 X40.0；

N70 X35.0；

N80 G00 X200.0 Z200.0；

N90 M30；

2. 端面切削循环

端面切削循环是一种单一固定循环。适用于端面切削加工，如图 2-25 所示。

（1）平面端面切削循环

编程格式 G94 X(U)_ Z(W)_ F_;

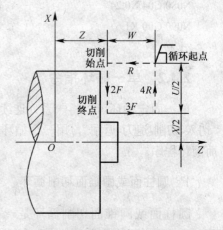

图 2-25 端面切削循环（圆柱面）

（2）锥面端面切削循环

编程格式 G94 X(U)＿Z(W)＿R＿F＿；

式中，R 为端面切削的起点相对于终点在 Z 轴方向的坐标分量。当起点 Z 向坐标小于终点 Z 向坐标时 R 为负，反之为正。如图 2-26 所示。

在数控车床上加工如图 2-27 所示的盘类零件。试应用锥端面切削单一循环指令编写其粗、精加工程序。

程序如下：

O0020

N10 G50 X100.0 Z100.0；

N20 M03 S1000；

N30 G00 X85.0 Z5.0 M08；

N40 G94 X20.0 Z0.0 R-10.83 F200；

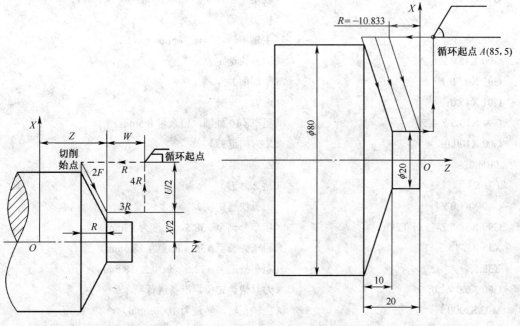

图 2-26 端面切削循环（圆锥面）　　　　图 2-27 端面切削循环（圆锥面）应用

N50 Z-5.0；

N60 Z-10.0；

N70 G00 X100.0 Z100.0 M09；

N80 M05；

N90 M30；

2.4.3 轴类零件编程实例

例 2-1：零件图如图 2-28 所示，毛坯为 $\phi40$ 的棒料，要求采用 G90、G94 指令编写加工程序。

（1）确定加工方案

① 车端面及粗车 ϕ10 外圆，留余量 0.5mm。

② 粗车 ϕ38、ϕ32 外圆，留余量 0.5mm。

③ 从右至左精加工个面。

④ 切断。

（2）确定刀具

① 端面车刀 T0101：车端面及粗车 ϕ10 外圆。

② 90°外圆车刀 T0202：用于粗、精车外圆。

③ 切槽刀（3mm 宽）T0303：用于切断。

（3）编程

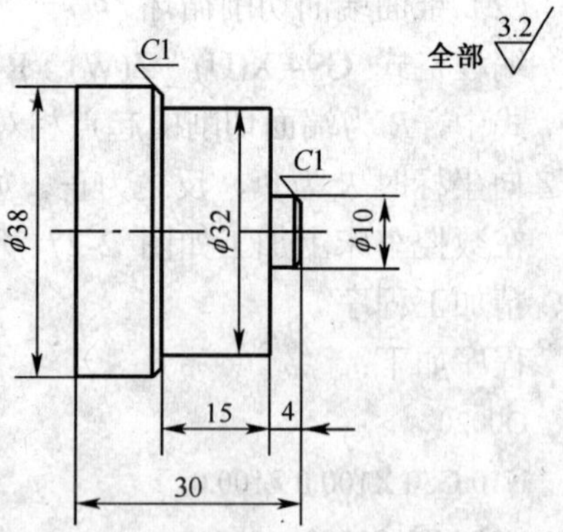

编程原点设在零件的右端面，程序如下：

图 2-28　G90、G94 指令应用

O0030	（程序名）
G97 G99;	（设定主轴转速为 r/min，进给率为 mm/r）
T0101;	（换 1 号刀）
S500 M03;	（主轴正转，转速为 500r/min）
G00 X45.0 Z0;	（刀具快速定位）
G01 X0 F0.2;	（车端面）
G01 X45.0;	（退刀）
G94 X10.5 Z-3.5;	（粗车 ϕ10 外圆，留余量 0.5mm）
G00 X100.0;	（X 方向退刀）
Z100.0;	（Z 方向退刀）
T0202;	（换 2 号刀）
G00 X41.0 Z1;	（刀具快速定位）
G90 X38.5 Z-33.0F0.2;	（粗车外圆至 ϕ38.5，长度为 33mm）
X35.0 Z-18.5;	（粗车外圆至 ϕ35，长度为 18.5mm）
X32.5;	（粗车外圆至 ϕ32.5，长度为 18.5mm）
G00 X6.0 Z1.0;	（刀具快速定位，准备进行精车）
M03 S1000;	（主轴正转，转速为 1000r/min）
G01 X10.0 Z-1.0 F0.1;	（车端面倒角）
Z-4.0;	（精车 ϕ10 外圆）
X32.0;	（车阶台面）
Z-19.0;	（精车 ϕ32 外圆）
X36.0;	（车阶台面）
X38.0 W-1.0;	（车倒角）
Z-33.0;	（精车 ϕ38 外圆）
X45.0;	（退刀）
G00 X100.0 Z100.0;	（快速退刀）
M03 S400;	（主轴正转，转速为 400r/min）
T0303;	（换 3 号刀）

G00 X42.0 Z-33.0 M08;　　　　　　　　（刀具快速定位，冷却液开）

G01 X1.0 F0.2;　　　　　　　　　　　（切断）

X45.0 M09;　　　　　　　　　　　　　（退刀，冷却液关）

G00 X100.0 Z100.0 M05;　　　　　　　（快速退刀）

M30;　　　　　　　　　　　　　　　　（程序结束）

2.5　特形面车削加工编程

2.5.1　基本指令

1. 圆弧插补指令 G02/G03

编程格式如下。

用 I、K 指定圆心位置：

G02/G03 X(U)_ Z(W)_I_K_F_;

用圆弧半径 R 指定圆心位置：

G02/G03 X(U)_ Z(W)_R_F_;

说明：

① G02 为顺时针圆弧插补，G03 为逆时针圆弧插补，如图 2-29 所示。数控车床的刀架位置有前置后置两种，编程时应根据刀架位置判断圆弧插补的顺逆。

② 采用绝对值编程时，圆弧终点坐标为圆弧终点在工件坐标系中的坐标值，用 X、Z 表示；当采用增量值编程时，圆弧终点坐标为圆弧终点相对于圆弧起点的增量值，用 U、W 表示。

③ I、K 为圆弧中心相对圆弧起点的增量坐标，I 为半径值编程。

④ 当用半径指定圆心位置时，由于在同一半径 R 的情况下，从圆弧的起点到终点有两个圆弧的可能性，为区别二者，规定圆心角 $\alpha \leqslant 180$ 时，用"$+R$"表示，如图 2-30 中的圆弧 1；$\alpha > 180$ 时，用"$-R$"表示，如图 2-30 中所示的圆弧 2。

⑤ 用半径 R 指定圆心位置时，只能用于非整圆的圆弧加工，不适用于整圆加工。

例如，顺时针圆弧插补，如图 2-31 所示。

① 使用圆心坐标 I、K 编程

……

G00 X20. Z2.;

G01 Z-30. F0.3;

G02 X40. Z-40. I10　K0 F0.2;

……

② 使用圆弧半径 R 编程

……

G00 X20. Z2.;

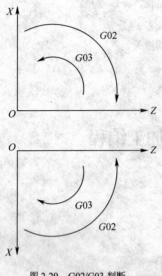

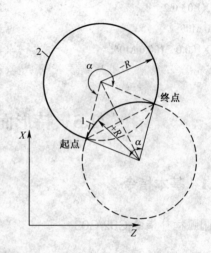

图 2-29　G02/G03 判断　　　　　　图 2-30　用 R 编程时 $\pm R$ 的判断

G01 Z-30. F0.3 ;

G02 X40. Z-40. R10. F0.2;

……

例如，逆时针圆弧插补，如图 2-32 所示。

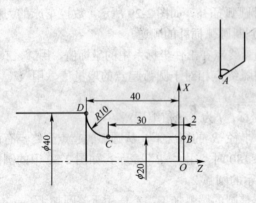

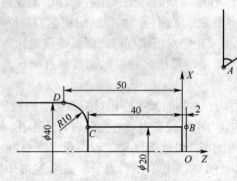

图 2-31　顺时针圆弧插补　　　　　　图 2-32　逆时针圆弧插补

① 使用圆心坐标 I、K 编程。

……

G00 X20. Z2. ;

G01 Z-40. F0.3 ;

G03 X40. Z-50. I0 K-10. F0.2;

……

② 使用圆弧半径 R 编程，绝对坐标编程方式。

……

G00 X20. Z2. ;

G01 Z-40. F0.3 ;

G03 X40. Z-50. R10. F0.2;

......

2. 刀尖圆弧自动补偿指令

数控车床加工时，为了降低被加工工件表面的粗糙度，减缓刀具磨损，提高刀具寿命，一般车刀刀尖处磨成圆弧过渡刃，如图 2-33 所示。数控编程时，通常都将车刀刀尖作为一点来考虑，当用按理论刀尖点编出的程序进行端面、外径、内径等与轴线平行或垂直的表面加工时，是不会产生误差的。但在车削倒角、锥面、圆弧及曲面时，则会产生少切或过切现象，影响零件的加工精度，如图 2-34 所示。

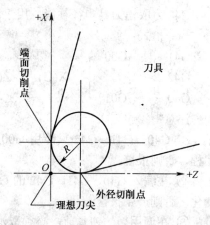

图 2-33　刀尖圆弧半径

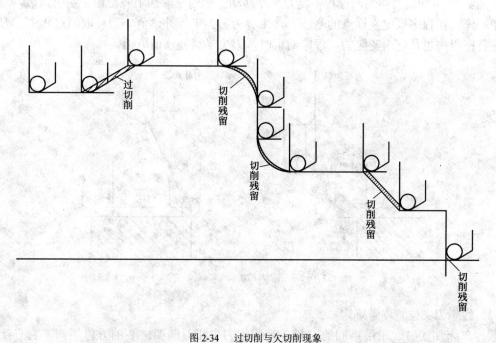

图 2-34　过切削与欠切削现象

编程时若以刀尖圆弧中心编程，可避免过切削和欠切削现象，但刀位点计算比较麻烦，并且如果刀尖圆弧半径值发生变化，程序也需要改变。

一般数控系统都具有刀具半径自动补偿功能，编程时，只需按工件的实际轮廓尺寸编程即可，不必考虑刀尖圆弧半径的大小，加工时数控系统能根据刀尖圆弧半径自动计算出补偿量，避免少切或过切现象的产生。

（1）刀尖圆弧自动补偿指令

指令：G41 G42 G40

G41 为刀具半径左补偿，沿着刀具前进方向看，刀具位于零件左侧。

G42 为刀具半径右补偿，沿着刀具前进方向看，刀具位于零件右侧。

G40 为取消刀具半径补偿，用于取消 G41、G42 指令。

指令格式：

$$\left.\begin{matrix} G41 \\ G42 \\ G40 \end{matrix}\right\} \quad \left.\begin{matrix} G00 \\ \\ G01 \end{matrix}\right\} \quad X(U)\_ \quad Z(W)\_;$$

注意：

① G40、G41、G42 只能用 G00、G01 结合编程。不允许与 G02、G03 等其他指令结合编程，否则报警。

② 在编入 G40、G41、G42 的 G00 与 G01 前后的两个程序段中，X、Z 值至少有一个值变化。否则产生报警。

③ 在调用新的刀具前，必须取消刀具补偿，否则产生报警。

如图 2-35 所示为采用刀尖半径补偿引入和取消的刀具运行轨迹。

由图 2-35 可知，刀补引入过程中，刀具在移动过程中逐渐加上补偿值，当引入后，刀具圆弧中心停留在程序设定坐标点的垂线上，距离为刀尖半径补偿值。刀补取消过程中，刀具位置在程序段中也是逐渐变化的，程序结束时，刀尖半径补偿值取消。

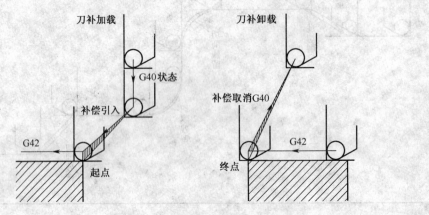

图 2-35　刀具的加载与卸载

（2）假想刀尖位置序号确定

数控车床加工时，采用不同的刀具，其假想刀尖相对圆弧中心的方位不同，它直接影响圆弧车刀补偿计算结果。图 2-36 所示为按假想刀尖方位以数字代码对应的各种刀具装夹位置的情况；如果以刀尖圆弧中心作为刀位点进行编程，则应选用 0 或 9 作为刀尖方位号，其他号码都是以假想刀尖编程时采用的。只有在刀具数据库内按刀具实际放置情况设置相应的刀尖位置序号，才能保证对它进行正确的刀补；否则，将会出现不合要求的过切或少切现象。

（3）刀尖半径补偿值的设定

刀尖半径补偿值可以通过刀具补偿设定界面设定，T 指令要与刀具补偿编号相对应，并且要输入刀尖位置序号，如图 2-37 所示。刀具补偿设定画面中，在刀具代码 T 中的补偿号对应的存储单元中，存放一组数据，除 X 轴、Z 轴的长度补偿值外，还有圆弧半径补偿值和假想刀尖位置序号（0～9），操作时，可以将每一把刀具的四个数据分别输入刀具补偿号对应的存储单元中，即可实现自动补偿，如图 2-37 所示的 01 号刀具的刀尖半径值为 5mm，刀尖方位序号为 3。

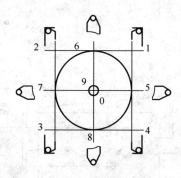

图 2-36　刀尖位置序号

刀具补正／形状		00008	N0040	
番号	X	Z	R	T
G01	−96.602	−291.454	5	3
G02	−86.417	−285.355	3	1
G03				

图 2-37　刀具补偿设定界面

2.5.2　加工实例

例 2-2：编写如图 2-38 所示的零件的精加工程序，要求采用刀具半径补偿指令。

（1）确定刀具

选用 90° 外圆车刀，刀具编号及补偿号为 T0101

（2）编写程序

程序如下：

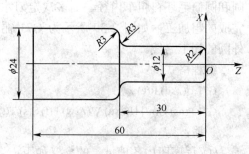

图 2-38　例 2-2 零件图

O0040;	（程序名）
T0101;	（调用 1 号外圆刀及刀补）
M03 S500;	（主轴正转，转速为 500r/min）
G00 X150.0 Z150.0;	（刀具快速定位）
G42 X24.0 Z2.0;	（建立右刀补，准备精车）
X8.0;	（径向进刀）
G01 Z0.0 F0.15;	（刀具到达端面）
G03 X12.0 Z-2.0 R2.;	（车 R2 逆圆弧）
G01 Z-27.0;	（车 ϕ 12 圆柱面）
G02 X18.0 Z-30.0 R3.;	（车 R3 顺圆弧）
G03 X24.0 Z-33.0 R3.;	（车 R3 逆圆弧）
G01 Z-64.0;	（车 ϕ 24 圆柱面）
G00 G40 X30.0;	（取消刀补）
X150.0;	（回刀具起点）
Z150.0;	（回刀具起点）
M05;	（主轴停转）
M30;	（程序结束）

2.6 复合固定循环指令及数控车削加工编程综合实例

2.6.1 复合固定循环

在复合固定循环中，对零件的轮廓定义之后，即可完成从粗加工到精加工的全过程。复合固定循环应用于必须重复多次加工才能达到规定尺寸的场合，零件外径、内径或端面的加工余量较大时，采用车削固定循环功能可以缩短程序的长度，使程序清晰可读。

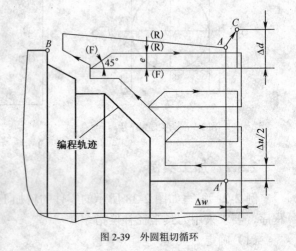

图 2-39 外圆粗切循环

1. 外圆/内径粗切循环 G71

该指令适用于车削圆棒料毛坯，粗车外圆和圆筒毛坯料粗车内径，需多次走刀才能完成的粗加工，如图 2-39 所示为 G71 循环外圆的加工路线。

编程格式：

G71 U($\triangle$d) R(e)

G71 P(ns) Q(nf) U($\triangle$u) W($\triangle$w) F(f) S(s) T(t);

说明：

① 程序段中各地址符的含义如下：

$\triangle$d 为背吃刀量（切削深度），半径值，无正负号；

e 为退刀量，半径值；

ns 为精加工轮廓程序段中开始程序段的段号；

nf 为精加工轮廓程序段中结束程序段的段号；

$\triangle$u 为 X 轴方向精加工余量，直径值；

$\triangle$w 为 Z 轴方向精加工余量；

f，s、t 为 F、S、T 代码。

② 如图 2-39 所示，C 点为粗车循环的起点。

③ 在 G71 指令的程序段内，要指定精加工工件时程序段的顺序号、精加工留量、粗加工的每次切深以及 F、S 和 T 功能等。ns → nf 程序段中的 F、S、T 功能，即使被指定也对粗车循环无效。

④ 零件轮廓必须符合 X 轴、Z 轴方向同时单调增大或单调减少。

2. 端面粗车固定循环 G72

端面粗切循环适于 Z 向余量小，X 向余量大的棒料粗加工，路径为从外径方向往轴心方向车削端面时的走刀路径。如图 2-40 所示。

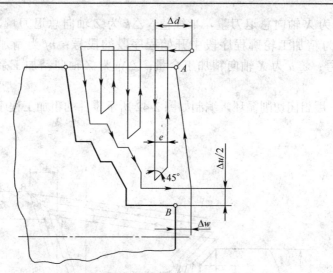

图 2-40　端面粗加工切削循环

编程格式：

G72 U($\triangle$d) R(e)

G72 P(ns) Q(nf) U($\triangle$u) W($\triangle$w) F(f) S(s) T(t)

该指令执行过程与 G71 基本相同，不同之处是其切削进程平行于 X 轴外，其他与 G71 相同。

3. 封闭切削循环 G73

该指令适用于毛坯轮廓形状与零件轮廓形状基本接近时的粗车加工，例如，铸造、锻造毛坯或半成品的粗车，对零件轮廓的单调性没有要求，这种循环方式的走刀路线如图 2-41 所示。

编程格式：

G73 U($\triangle$i) W($\triangle$k) R(d)

G73 P(ns) Q(nf) U($\triangle$u) W($\triangle$w) F(f) S(s) T(t)

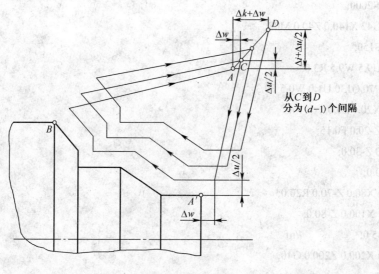

图 2-41　封闭切削循环

式中，$\triangle i$ 为 X 轴向总退刀量，半径值；$\triangle k$ 为 Z 轴向总退刀量，半径值；d 为粗车循环次数；ns 为精加工轮廓程序段中开始程序段的段号；nf 为精加工轮廓程序段中结束程序段的段号；$\triangle u$ 为 X 轴向精加工余量；$\triangle w$ 为 Z 轴向精加工余量；f、s、t 为 F、S、T 代码。

例如，用封闭切削循环，编制如图 2-42 所示零件的粗加工程序。

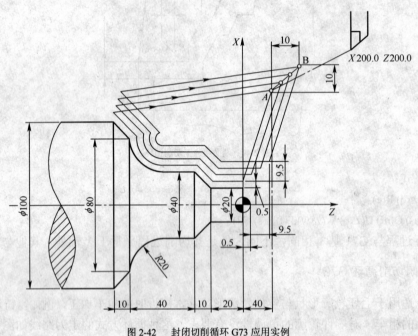

图 2-42   封闭切削循环 G73 应用实例

O0050;

N01 G50 X200.0 Z200.0 T0101;

N20 M03 S2000;

N30 G00 G42 X140.0 Z40.0 M08;

N40 G96 S150;

N50 G73 U9.5 W9.5 R3.0;

N60 G73 P70 Q130 U1.0 W0.5 F0.3;

N70 G00 X20.0 Z0.0;   //ns

N80 G01 Z-20.0 F0.15;

N90 X40.0 Z-30.0;

N100 Z-50.0;

N110 G02 X80.0 Z-70.0 R20.0;

N120 G01 X100.0 Z-80.0;

N130 X105.0;   //nf

N140 G00 X200.0 Z200.0 G40;

N150 M30;

4. 精加工循环

该指令用于执行 G71、G72、G73 粗加工循环指令后的精加工循环。

编程格式：

G70 P(ns) Q(nf)

式中，*ns* 为精加工轮廓程序段中开始程序段的段号；*nf* 为精加工轮廓程序段中结束程序段的段号。

说明：

（1）G70 指令不能单独使用，只能配合 G71、G72、G73 指令使用，完成精加工固定循环。

（2）精加工时，G71、G72、G73 程序段中的 F、S、T 指令无效，只有在 *ns*～*nf* 程序段中的 F、S、T 才有效。

2.6.2 编程实例

例 2-3：用外径粗车固定循环，编制如图 2-43 所示零件的粗加工程序，毛坯为 φ45 棒料。设循环起始点为（47，3），切削深度为 2.5mm（半径量）。X 方向精加工余量为 0.4mm，Z 方向精加工余量为 0.2mm，其中点划线部分为工件毛坯。

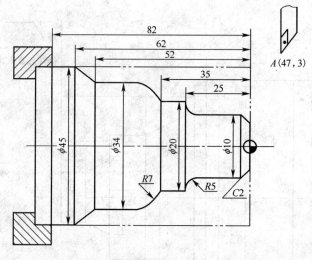

图 2-43 零件

（1）确定刀具

粗精加工选用同一把刀。

（2）编写程序

程序如下：

O0060；   （程序号）

T0101；   （调用 T1 号刀具，补偿代号 01）

G97 S900 M03；   （主轴以 900r/min 正转）

G00 G98 X47.0Z3.0 M08；   （刀具到循环起点位置，打开冷却液）

G71 D2.5 R5.0.

G71 P10 Q20 U0.4 W0.2 F120.0;　　　（外径粗车循环切深2.5，精车余量X0.4，Z0.2）

N10 G00 X0.0;　　　　　　　　　　　（加工轮廓起始行，快速到倒角延长线）

G01 X10.0 Z-2.0 0F60.0;　　　　　　　（加工倒角）

Z-20.0;　　　　　　　　　　　　　　（加工φ10外圆）

G02 X20.0 Z-25.0 R5.0;　　　　　　　（加工R5圆弧）

G01 Z-35.0;　　　　　　　　　　　　（加工φ20外圆）

G03 X34.0 W-7.0 R7.0;　　　　　　　（加工R7圆弧）

G01 Z-52.0;　　　　　　　　　　　　（加工φ34外圆）

N20 X62.0 Z-62..0;　　　　　　　　　（加工外圆锥）

G70 P10 Q20;　　　　　　　　　　　（调用工件轮廓精加工）

G00 X80.0 Z100.0 M09;　　　　　　　（回刀起点，关冷却液）

M05;　　　　　　　　　　　　　　　（主轴停）

M30;　　　　　　　　　　　　　　　（程序结束并返回）

例 2-4： 在数控车床上加工如图 2-44 所示的盘类零件。若△u=0.5mm，△w=0.2mm，△d=3mm。坐标系、循环起点如图 2-44 所示。试利用端面粗车复合固定循环指令 G72 编写其粗加工程序。

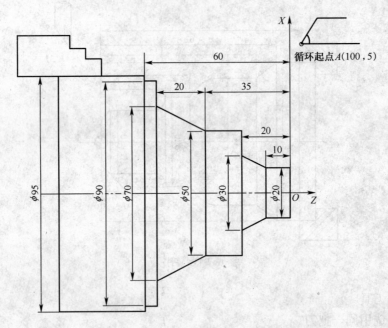

图 2-44　盘类零件

其程序如下：

O0070;

T0101;

M03 S1000;

G00 X100.0 Z5.0 M08;

G72 D3.0 R5.0

G72 P10 Q20 U0.5 W0.2 D3.0 F300;

N10 G00 X100.0 Z-60.0;

G01 Z-55.0 F200;

X70.0;

X50.0 Z-35.0;

W15.0;

X30;

X20.0 W10.0;

N20 Z5.0;

G00 X100.0 Z100.0 M09;

M05;

M30;

2.7　螺纹车削加工编程

2.7.1　螺纹车削加工编程基本指令

螺纹加工的类型包括：内外圆柱螺纹和圆锥螺纹、单头螺纹和多头螺纹、恒螺距螺纹和变螺距螺纹，数控系统提供的螺纹指令包括：单一螺纹指令和螺纹固定循环指令。前提条件是主轴上有位移测量系统。不同的数控系统，螺纹加工指令有差异，实际应用时按所使用数控机床的要求编程。

1. 单一螺纹指令

编程格式：G32　X(U)_Z(W)_F_;
式中，$X(U)$、$Z(W)$ 是螺纹终点坐标，F 是螺纹导程。

功能：该指令用于车削等螺距圆柱螺纹、锥螺纹。

注意：

① G32 指令可以执行单一行程螺纹切削，车刀进给运动严格根据输入的螺纹导程进行。但是，车刀的切入、切出、返回均需编入程序。

② F 为螺纹导程。对锥螺纹其斜角 α 在 45 度以下时，螺纹导程以 Z 轴方向指定；在 45 度以上至 90 度时，以 X 轴方向值指定。

③ 车削螺纹期间的进给速度倍率、主轴速度倍率无效（固定 100%）。

④ 车削螺纹期间不要使用恒表面切削速度控制，要使用 G97。

⑤ 车削螺纹时必须设置引入距离 δ_1 和超越距离，即升速段和减速段，避免在加减速过程中进行螺纹切削而影响螺距的稳定。δ_1、δ_2 的数值与螺距和转速有关，有各系统设定。一般 $\delta_1 = n \times P/400$，$\delta_2 = n \times P/180$。（$n$ 为主轴转速，P 为螺纹导程）。一般取 δ_1 为 2～5mm，δ_2 为 δ_1 的 1/2 左右。

⑥ 因受机床结构及数控系统的影响，切削螺纹时主轴转速有一定的限制。

⑦ 螺纹起点与螺纹终点径向尺寸的确定。螺纹加工中的编程大径应根据螺纹尺寸标注和公差要求进行计算，并由外圆车削来保证。

⑧ 螺纹加工中的走刀次数和进刀量（背吃刀量）会直接影响螺纹的加工质量，车削螺纹时的走刀次数和背吃刀量可参考表 2-5。

表 2-5　　　　　　　　　　常用螺纹切削的进给次数与背吃刀量

公 制 螺 纹							
螺距/mm	1.0	1.5	2.0	2.5	3.0	3.5	4.0
牙深（半径值）	0.649	0.974	1.299	1.624	1.949	2.273	2.598
（直径值）背吃刀量及切削次数 1 次	0.7	0.8	0.9	1.0	1.2	1.5	1.5
2 次	0.4	0.6	0.6	0.7	0.7	0.7	0.8
3 次	0.2	0.4	0.6	0.6	0.6	0.6	0.6
4 次		0.16	0.4	0.4	0.4	0.6	0.6
5 次			0.1	0.4	0.4	0.4	0.4
6 次				0.15	0.4	0.4	0.4
7 次					0.2	0.2	0.4
8 次						0.15	0.3
9 次							0.2

英 制 螺 纹							
牙/in	24	18	16	14	12	10	8
牙深（半径值）	0.678	0.904	1.016	1.162	1.355	1.626	2.033
（直径值）背吃刀量及切削次数 1 次	0.8	0.8	0.8	0.8	0.9	1.0	1.2
2 次	0.4	0.6	0.6	0.6	0.6	0.7	0.7
3 次	0.16	0.3	0.5	0.5	0.6	0.6	0.6
4 次		0.11	0.14	0.3	0.4	0.4	0.5
5 次				0.13	0.21	0.4	0.5
6 次						0.16	0.4
7 次							0.17

例如，如图 2-45 所示为圆柱螺纹编程实例，螺纹外径已加工完成，牙型深度 1.3mm，分 5 次进给，吃刀量（直径值）分别为 0.9mm、0.6mm、0.4mm、0.4mm 和 0.1mm，采用绝对编程，加工程序如下：

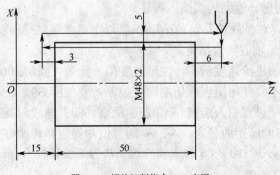

图 2-45　螺纹切削指令 G32 应用

… …

G00 X58.0 Z71.0；

X47.1；

G32 Z12.0 F2.0；　　　　　（第一次车螺纹，背吃刀量为 0.9mm）

G00 X58.0；

Z71.0；

X46.5；

G32 Z12.0 F2.0；　　　　　（第二次车螺纹，背吃刀量为 0.6mm）

G00 X58.0；

Z71.0；

X45.9；

G32 Z12.0 F2.0；　　　　　（第一、三次车螺纹，背吃刀量为 0.6mm）

G00 X58.0；

Z71.0；

X45.5；

G32 Z12.0 F2.0；　　　　　（第四次车螺纹，背吃刀量为 0.4mm）

G00 X58.0；

Z71.0；

X45.4；

G32 Z12.0 F2.0；　　　　　（第五次车螺纹，背吃刀量为 0.1mm）

G00 X58.0；

Z71.0；

… …

2. 螺纹车削循环指令 G92

螺纹切削循环指令 G92 把"切入-螺纹切削-退刀-返回"四个动作作为一个循环，如图 2-46 所示，该指令可切削圆柱螺纹和圆锥螺纹。

编程格式：

圆柱螺纹：G92 X(U)_ Z(W)_ F_；

圆锥螺纹：G92 X(U)_ Z(W)_ R_ F_；

式中，$X(U)$、$Z(W)$ 为螺纹终点坐标；R 表示螺纹的锥度，其值为锥螺纹大、小径的半径差，R 值的判断方法与 G90 相同；F 是螺纹导程。

功能：该指令完成工件圆柱螺纹和锥螺纹的切削固定循环。为简单螺纹循环。图 2-46（a）为圆柱螺纹循环，图 2-46（b）所示为圆锥螺纹循环。刀具从循环起点开始，按 A、B、C、D 进行自动循环，最后又回到循环起点 A。图中虚线表示按 R 快速移动，实线表示按 F 指定的工作进给速度移动。

例如，应用 G92 指令加工图 2-45 所示的螺纹。

… …

G00 X58.0 Z71.0；

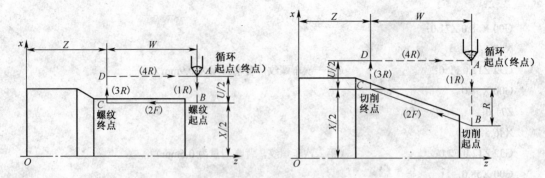

图 2-46　螺纹切削循环

G92 X47.1 Z12.0 F2.0；　　　（第一次车螺纹）

X46.5；　　　　　　　　　　（第二次车螺纹）

X45.9；　　　　　　　　　　（第三次车螺纹）

X45.5；　　　　　　　　　　（第四次车螺纹）

X45.4；　　　　　　　　　　（第五次车螺纹）

G00 X58.0；

Z71.0；

… …

3. 螺纹车削复合循环指令 G76

　　复合螺纹切削循环指令用于多次自动循环车螺纹，数控加工程序中只需指定一次，并在指令中定义好有关参数，就能自动进行加工。它的进刀方法有利于改善刀具的切削条件，在编程中应优先考虑应用该指令，如图 2-47 所示。

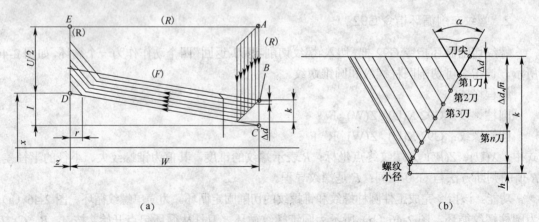

（a）　　　　　　　　　　　　　　　　　　　（b）

图 2-47　螺纹车削复合循环指令 G76

编程格式：G76　　P(m)(r)(a)Q(Δd min)R(d)

　　　　　G76　　X(U)_Z(W)_R(i)P(k)Q(Δd)F_

式中，m 为精加工重复次数，从 1～99，该参数为模态量；r 为螺纹尾端倒角量；α 为刀尖角，可以选择 80°，60°，55°，30°，29° 和 0° 六种中的一种，由 2 位数规定（该值是模态的）；$\triangle d\,min$ 为最小切深（用半径指定）；d 为精加工余量；$X(U)\,Z(W)$ 为终点坐标；i 为螺纹部分半径之差，即螺纹切削起始点与切削终点的半径差。加工圆柱螺纹时，$i=0$。加工圆锥螺纹时，当 X 向切削起始点坐标小于切削终点坐标时，I 为负，反之为正；k 为螺纹牙形高度（X 轴方向的半径值），通常为正值；Δd 为第一刀切入深度（X 轴方向的半径值），通常为正值；F 为螺纹导程。

例如，如图 2-48 所示螺纹程序为：

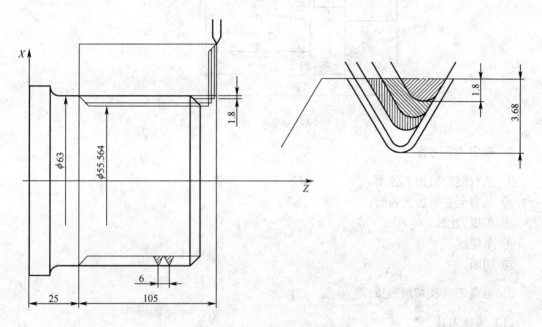

图 2-48　复合螺纹切削循环应用

......

G00 X80.0 Z130.0；

G76 P011060 Q0.1 R0.2；

G76 X55.564 Z25.0 P3.68 Q1.8 F6.0；

......

2.7.2　应用举例

例 2-5：零件图如图 2-49 所示，设毛坯是 $\phi 40$ 的棒料，材料为 45 钢，试编写零件的加工程序。

1．工艺分析

① 先车出右端面，并以此端面的中心为原点建立工作坐标系。

② 该零件的加工面有外圆、螺纹和槽，可采用 G71 进行粗车，然后用 G70 进行精车，接着切槽、车螺纹，最后切断。注意退刀时，先 X 方向后 Z 方向，以免刀具撞上工件。

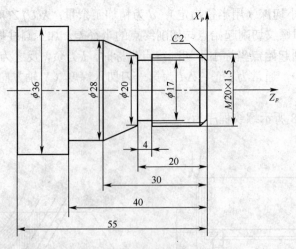

图 2-49　螺纹加工综合实例

2. 确定工艺方案

① 从右至左粗加工各面。

② 从右至左精加工各面。

③ 车退刀槽。

④ 车螺纹。

⑤ 切断。

3. 选择刀具及切削用量

（1）选择刀具

① 外圆刀 T0101；粗加工各外圆。

② 外圆刀 T0202；精加工各外圆。

③ 切断刀 T0303；宽 4mm，车槽及切断。

④ 螺纹刀 T0404；车螺纹。

（2）确定切削用量

粗车外圆 S500r/min、F0.15mm/r；精车外圆 S1000r/min、F0.08mm/r；车退刀槽 S500r/min、F0.05mm/r；车螺纹 S400r/min；切断 S300r/min、F0.05mm/r。

4. 编程

O5555;   （程序名）

T0101;

S500 M03;

G00 X45.0 Z2.0;

G71 U2 R1;   （外圆粗车循环）

G71 P10 Q90 U0.2 W0 F0.15;   （精车路线为 N10～N90 指定）

N10 G00 G42 X14.0 Z1.0;

N20 G01 X19.9 W-2 F0.08;

N30 Z-20.0;

N40 X20.0;

N50 X28.0 Z-30.0;

N60 W-10;

N70 X36.0;

N80 W-20;

N90 G00 G40 X45.0;

G00 X150.0;

Z150;

S1000 T0202;

G00 X45.0 Z2.0;

G70 P10 Q90;　　　　　　　　　　　　（精车）

G00 X150.0;

Z150.0;

S500 T0303;

G00 X24.0 Z-20.0;

G01 X17.0 F0.05;　　　　　　　　　　（车退刀槽）

G00 X150.0;

Z150.0;

S400 T0404;

G00 X20.0 Z2.0;

G92 X19.2 Z-18.0 F1.5;　　　　　　　（第一次车螺纹）

X18.6;　　　　　　　　　　　　　　　（第二次车螺纹）

X18.2;　　　　　　　　　　　　　　　（第三次车螺纹）

X18.04;　　　　　　　　　　　　　　（第四次车螺纹）

G00 X150.0;

Z150.0;

S300 M03 T0303;

G00 X40.0 Z-59.0;

G01 X2.0 F0.05;　　　　　　　　　　（切断）

G00 X150.0;

Z150.0;

M05;

M30;　　　　　　　　　　　　　　　（程序结束）

2.8　车削编程综合实例

零件图样如图 2-50 所示，已知毛坯为 ϕ50mm×140mm 的铝棒料，编写其加工程序。

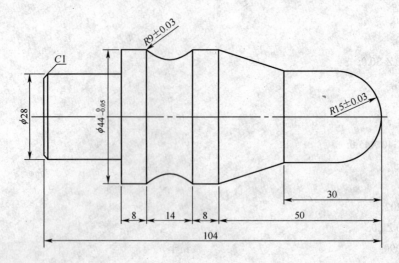

图 2-50 车削编程综合实例

1. 图样分析

① 加工内容：此零件加工包括车端面、外圆、倒角、锥面、圆弧。

② 工件坐标系：该零件加工需调头，从图纸上分析应设置两个工件坐标系，两个工件原点均定于零件装夹后的右段端面，掉头后装夹 $\phi 44$ 外圆，平端面，测量，设置第二个工件原点。

2. 工艺处理

① 装夹定位方式：此工件不能一次装夹完成加工，必须分两次装夹。使用三爪卡盘夹持。

第一次装夹完成工件右端 $\phi 44$、$R15$、$R9$ 的粗、精加工。

第二次装夹完成工件左端 $\phi 28$、倒角的粗、精加工。

② 换刀点：换刀点为（70、80）。

③ 公差处理：尺寸公差不对称取中值。

④ 刀具的选择和切削用量的确定。

外圆粗车刀：T0101 硬质合金 主轴转速 500r/min 进给量 0.2mm/r

外圆精车刀：T0202 硬质合金 主轴转速 1000r/min 进给量 0.1mm/r

切断刀：T0303 硬质合金 刃宽 4mm 主轴转速 300r/min 进给量 0.1mm/r。

O0001;

N10 G21 G97 G40 G99 M03 S500 T0101; （粗加工，调用 1 号刀及刀补）

N20 GOO X55.0 Z10.0 M08;

N30 G71 U2.0 R1.0;

N40 G71 P50 Q100 U0.2 W0.1 F0.2;

N50 G00 G42 X0.0;

N60 G01 Z0.0;

N70 G03 X30.0 Z-15.0 R15.0;

N80 G01 Z-30.0;

N90 X44.0 Z-50.0;

N100 Z-110.0;

N110 G00 G40 X70.0 Z80.0;

N120 T0202; （精加工，调用 2 号刀及刀补）

N130 G00 X55.0 Z10.0 S1000;

N140 G70 P50 Q100 F0.1;

N150 G00 G42 X48.0 Z-58.0;

N160 G02 X48.0 Z-72.0 R9.0 F0.1;

N170 G01 Z-58.0;

N180 X44.0;

N190 G02 X44.0 Z-72.0 R9.0 ;

N200 G00 X70.0 Z80.0;

N210 T0303 S300; （切断工件）

N220 G00 X50.0 Z-108.0;

N230 G01 X3.0 F0.1;

N235 X55.0 F0.5;

N240 G00 G40 X70.0 Z80.0 M09;

N250 M05;

N260 M30;

O0002; （调头加工 $\phi 28$ 外圆）

N10 G21 G97 G40 G99 M03 S500 T0101;

N20 G00 X46.0 Z5.0 M08;

N30 G71 U2.0 R1.0;

N40 G71 P50 Q100 U0.2 W0.1 F0.2;

N50 G00 Z0;

N60 G01 X-1.0;

N70 X26.0;

N80 X28.0 Z-1.0;

N90 Z-24.0;

N100 X44.0;

N110 G00 X70.0 Z80.0;

T0202;

N120 G00 X46.0 Z10.0 S1000;

N130 G70 P50 Q100 F0.1;

N140 G00 X70.0 Z80.0 M09;

N150 M05;

N160 M30;

说明：调头后加工 $\phi 28$ 外圆也可以采用 G90 循环指令编程，请读者自行分析。

2.9 其他车床数控系统指令

数控车床种类不同，配置数控系统不同，其编程格式和指令也不尽相同，具体编程要详细阅读机床和控制系统的相应说明书。表 2-6 和表 2-7 分别给出了华中世纪星 HNC-21/22T 数控车系统和 SIMENS 802S/C 系统常用 G 指令。

表 2-6   华中世纪星 HNC-21/22T 数控车系统的 G 指令

代 码	组 别	功 能	代 码	组 别	功 能
G00		快速定位	G57		坐标系选择 4
G01		直线插补	G58	11	坐标系选择 5
G02	01	圆弧插补（顺时针）	G59		坐标系选择 6
G03		圆弧插补（逆时针）	G65		调用宏指令
G04	00	暂停	G71		外径/内径车削复合循环
G20	08	英制输入	G72		端面车削复合循环
G21		米制输入	G73	06	闭环车削复合循环
G28	00	参考点返回检查	G76		螺纹车削复合循环
G29		参考点返回	G80		外径/内径车削固定循环
G32	01	螺纹切削	G81		端面车削固定循环
G36	17	直径编程	G82		螺纹车削固定循环
G37		半径编程	G90	13	绝对编程
G40		取消刀尖半径补偿	G91		相对编程
G41	09	刀尖半径左补偿	G92	00	工件坐标系设定
G42		刀尖半径右补偿	G94	14	每分钟进给
G54		坐标系选择 1	G95		每转进给
G55	11	坐标系选择 2	G96	16	恒线速度切削
G56		坐标系选择 3	G97		恒主轴转速为 r/min

表 2-7   SIMENS 802S/C 系统常用指令表

路径数据		暂停时间	G4
绝对/增量尺寸	G90，G91	程序结束	M02
公制/英制尺寸	G71，G70	主轴运动	
半径/直径尺寸	G22，G23	主轴速度	S
可编程零点偏置	G158	旋转方向	M03/M04
可设定零点偏置	G54～G57，G500，G53	主轴速度限制	G25，G26
轴运动		主轴定位	SPOS
快速直线运动	G0	特殊车床功能	
进给直线插补	G1	恒速切削	G96/G97
进给圆弧插补	G2/G3	圆弧倒角/直线倒角	CHF/RND
中间点的圆弧插补	G5	刀具及刀具偏置	
定螺距螺纹加工	G33	刀具	T
接近固定点	G75	刀具偏置	D
回参考点	G74	刀具半径补偿选择	G41，G42
进给率	F	转角处加工	G450，G451
准确停/连续路径加工	G9，G60，G64	取消刀具半径补偿	G40
在准确停时的段转换	G601/G602	辅助功能	M

练　习　题

1. 简述刀尖圆弧半径补偿的作用？
2. 车削螺纹时为什么需要有引入段和引出段？
3. 设置假设刀尖点位置编码的方法是什么？
4. 简述 G71、G72、G73 指令的应用场合有何不同。
5. 试编写图 2-51 所示零件的精加工程序。
6. 利用 G90 指令编写图 2-52 所示零件的粗、精加工程序，已知棒料的直径为 $\phi 60$mm。

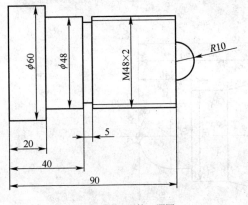

图 2-51　练习题第 5 题图

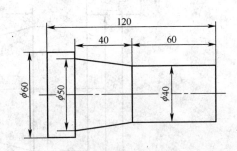

图 2-52　练习题第 6 题图

7. 利用圆弧插补指令编写图 2-53 和图 2-54 所示零件的精加工程序。

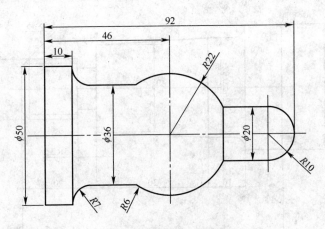

图 2-53　练习题第 7 题图 1

8. 分别利用 G32 和 G92 指令编写图 2-55 所示零件的加工程序。
9. 利用复合循环指令编写图 2-56 和图 2-57 所示零件的粗、精加工程序，已知毛坯直径为 $\phi 75$mm 和 $\phi 35$mm。

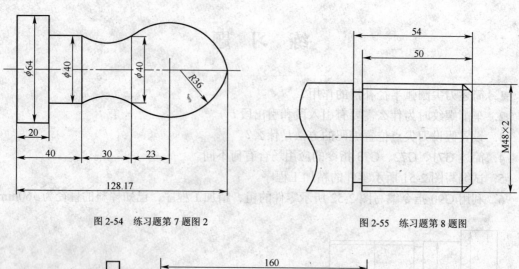

图 2-54 练习题第 7 题图 2

图 2-55 练习题第 8 题图

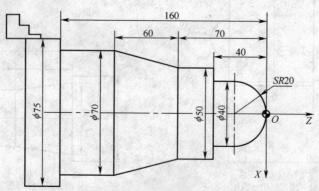

图 2-56 练习题第 9 题图 1

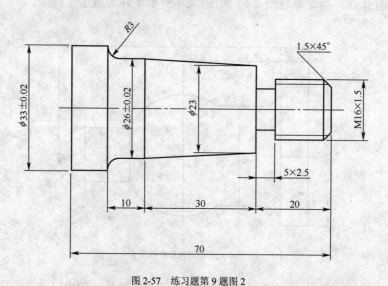

图 2-57 练习题第 9 题图 2

10. 如图 2-58 所示零件，其材料为 LY12，零件的外形轮廓有直线，圆弧和螺纹，ϕ22 处不加工，欲在数控车床上进行精加工，试编写精加工程序。要求分析加工工艺。

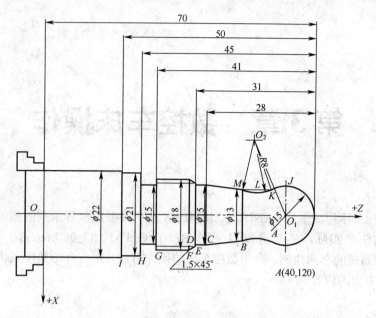

图 2-58 练习题第 10 题图

11. 对图 2-59 所示零件进行工艺分析，制作工艺卡片与刀具卡片，并编写零件加工程序。

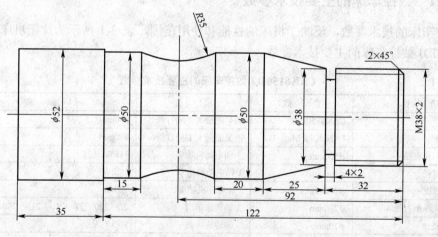

图 2-59 练习题第 11 题图

第 3 章　数控车床操作

目前，数控车床广泛采用 FANUC、SIEMENS 及华中世纪星等系列的相关数控系统。结合数控加工的生产实际，本章分别以采用 BEIJING FANUC 0i Mate-TC 和华中世纪星 HNC-21T 数控系统的车床为例，介绍数控车床的操作方法，重点介绍数控系统操作面板和机床操作面板两方面的内容。

3.1　数控车床的主要技术参数及操作步骤

3.1.1　数控车床的主要技术参数

数控车床的技术参数，反映了机床的性能和使用范围，表 3-1 所示为沈阳机床厂生产的 CAK6150DJ 数控车床的主要技术参数。

表 3-1　　　　　　　　　　CAK6150DJ 数控车床的主要技术参数

项　　目	参　数	项　　目	参　　数
机床型号	CAK6150DJ	刀架的最大 X 向行程	250mm
数控系统	FANUC 0i Mate-TC	刀架的最大 Y 向行程	890mm
最大工件回转直径	$\phi 500mm$	主轴电动机功率	11kW
最大车削直径	$\phi 300mm$	X 轴电动机功率	1.2kW
最大车削长度	$\phi 850mm$	Z 轴电动机功率	1.2kW
滑板上最大车削直径	$\phi 280mm$	主轴转速范围	22～220　71～710　215～200 r/min
主轴通孔直径	$\phi 70mm$	主轴转速级数	3 档　无极
刀架工位数	4	最大移动速度	X、Z 向均为 20m/min
刀架转位时间	3s	主轴前端锥孔锥度	1:20

3.1.2　数控车床的操作步骤

数控车床的一般操作步骤如下。

① 开机。合上电源总开关，机床正常送电。按下控制面板上的电源按钮，给数控系统上电。

② 各坐标轴回参考点。选择返回参考点方式，将 X 轴、Z 轴分别返回参考点，参考点灯全亮（不同机床有所区别）。

③ 程序编辑。输入加工程序，保证输入无误。

④ 调试程序。锁住机床，空运行程序，验证程序的正确性，特别要仔细观察各程序字段的坐标尺寸是否有误。完毕后务必要撤销空运行操作（具有图形确认功能的机床，可直接采用图形验证）。

⑤ 对刀设定刀具参数和工件坐标系。装卡试切工件毛坯和刀具。手动选择各个刀具，用试切法测量各刀的刀具补偿值，并置入程序规定的刀具补偿单元，注意小数点和正负号。

⑥ 试切工件。调出当前加工件的程序，选择自动操作方式，选择适当的进给倍率和快速倍率，按循环启动键，开始自动循环加工。首件加工时应选较低的快速倍率，并利用单程序段功能，可减少由程序和对刀错误引发的故障。

⑦ 批量加工。首件加工完毕后测量各加工部位尺寸，修改各刀的刀具补偿值，然后加工第二件。确认尺寸无误后恢复快速倍率（100%），批量加工。

⑧ 清理机床，关机。手动操作机床，使刀架停在适当位置，先按下操作面板上的急停按钮，再依次关掉操作面板电源、机床总电源和外部电源。

3.2 FANUC 0i Mate-TC 系统的操作

3.2.1 CAK6150DJ 数控车床的操作面板

1. 系统操作界面

FANUC 0i Mate-TC 系统数控车床的操作面板如图 3-1 所示，分为两个区域：系统控制面板和机床操作面板。上部为系统控制面板，下部为机床操作面板。

2. 面板各键说明

系统控制面板大体分为地址/数字键区、功能键区及屏幕显示区。

（1）键盘说明

各键图标及其功能如表 3-2 所示。

表 3-2　　　　　　　　　　　各控制键的功能

名　称	按　键	功　能
功能键	POS	位置显示页面键。该键用以显示坐标位置屏幕，按下该键以显示位置屏幕，位置显示有三种方式：绝对坐标、相对坐标、综合坐标
	PROG	程序显示与编辑页面键。按下该键可以显示程序屏幕，配合其他键可以在此平面内进行程序的创建、编辑、修改
	OFFSET SETTING	参数输入页面键。按第一次进入坐标系设置页面，第二次按进入刀具补偿参数页面
	SYSTEM	系统参数页面键。按下该键屏幕可以显示系统参数
	MESSAGE	信息页面键。按下该键可显示屏幕中的信息，如"报警"信息
	CUSTOM GRAPH	图形参数设置页面键。通过该键可以显示用户宏屏幕（宏程序屏幕）和图形显示屏幕
光标移动键	←↑↓→	▶ 该键用于将光标向右或者向前移动 ◀ 该键用于将光标向左或者往回移动 ▼ 该键用于将光标向下或者向前移动 ▲ 该键用于将光标向上或者往回移动

名　称	按　键	功　能
翻页键	 	↑PAGE 该键用于将屏幕显示的页面往前翻页 PAGE↓ 该键用于将屏幕显示的页面往后翻页
编辑键	SHIFT	换档键。在键盘上的某些键具有两个功能。按下换档键可以在这两个功能之间切换。利用该键可以进行字母切换
	CAN	取消键。用于删除最后一个进入输入缓存区的字符或符号
	INPUT	输入键。当按下一个字母键或数字键时，数据被输入到缓冲区，并且显示在屏幕上。再按下该键数据被输入到寄存器，此键和软键上的[输入]键是等效的
	ALTER	替换键。按该键可用输入的数据替换光标所在的数据
	INSERT	插入键。按该键可把输入区中的数据插入到当前光标之后的位置
	DELETE	删除键。按该键可删除一个程序或者删除全部程序或删除光标所在的数据
	RESET	按下该键可以使 CNC 复位或者取消报警等
	HELP	当对 MDI 键的操作不明白时，按下这个键可以获得帮助
地址/数 字键	O_P N_Q G_R 7_A 8 9_D X_C Z_Y F_L 4 5 6 M_I S_K T_J 1, 2 3 U_H W_V EOB_E - . + . . /	地址/数字键。用于输入程序。字母和数字键通过 SHIFT 键切换输入 EOB; 分号输入键。用于结束一行程序的输入

（2）屏幕显示区

屏幕显示区位于系统操作面板的左侧，包括屏幕和软键两部分，如图 3-2 所示。

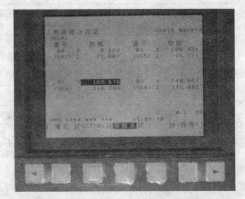

图 3-1　FANUC 0i Mate-TC 系统数控车床操作面板　　　　图 3-2　软键区

屏幕位于屏幕显示区上方，用来具体详细监控加工位置、显示程序内容及各种参数的设定情况。

软键区位于屏幕显示区下方，要显示一个更详细的画面时，可以在按下功能键后按软键。最左侧带有向左箭头的软键为菜单返回键，最右侧带有向右箭头的软键为菜单继续键。根据不同的画面，软键有不同的功能，软键的功能显示在屏幕的底端。按下面板上的功能键之后，属于所选功能的详细内容就立刻显示出来，如图 3-2 所示[补正]、[SETING]、[坐标系]、[操作]所对应的内容选择软键依次位于屏幕的底端。按下所选的内容选择软键，则所选的内容的屏幕就显示出来。如果有关的一个目标内容在屏幕上没有显示出来，可按下菜单继续键进行查找；当所需的目标内容屏幕显示出来后，按下[操作]所对应的软键，就可以显示要操作的屏幕菜单；如要重新显示前面内容，按下菜单返回键即可。

（3）机床操作面板

机床操作面板实现机床的基本操作。不同厂家的机床操作面板形式也不尽一样，各有特点，但其基本功能是相同的。机床操作面板上各种按键的功能键说明如表 3-3 所示。

表 3-3　　　　　　　　　　　　机床操作面板按键及其功能说明

按　键	功　能	按　键	功　能
	编辑运行模式键		MDI 运行模式键
	自动运行模式键		手动运行模式键
	手轮运行模式键		空运行键
	机床锁键		跳步键
	单段键		主轴正转键
	主轴反转键		主轴停止键
	主轴降速键		主轴升速键
	用来选择机床欲移动的轴和方向，其中的 为快进开关。同时按下该键和某轴的运动方向键后，表明快速向指定方向移动		进给倍率修调
	用于选择手轮移动倍率。按下所选的倍率键后，该键左上方的灯亮		急停键
	手轮		手轮进给轴选择开关
	循环启动		循环停止
	系统启动键		系统关闭键

3.2.2　CAK6150DJ 数控车床的基本操作

1. 开机

① 机床上电接通电源，按下机床操作面板上的系统启动键，接通电源，显示屏由原来的黑屏变为有文字显示，电源指示灯亮。

② 将急停键旋起，处于开启状态。

③ 系统完成上电复位，可以进行后面各项的操作。

2. 手动操作

手动操作主要包括手动返回机床参考点和手动移动刀具。电源接通后，首先要做的事就是将刀具移到参考点。然后可以使用按钮或开关，使刀具沿各轴运动。回参考点操作也因机床而异，这里介绍的 CAK6150DJ 不能手动回参考点。

移动刀具方式包括手动进给、手动快速进给和手轮进给。

① 手动进给、手动快速进给：首先按下手动运行模式键▨，系统处于手动进给方式，然后按下进给轴及方向选择开关，机床沿选定轴的选定方向移动。若同时按下快进键▨，则机床沿选定轴的选定方向快速移动。

② 手轮进给：首先按下手轮运行模式键▨，进入手轮进给方式，然后用手轮进给轴选择开关▨▨▨选择机床要移动的轴，同时根据进给需要，按键▨▨▨，选择手轮进给倍率，旋转手轮，机床发生移动。

3. MDI 运行

① 按下 MDI 运行模式键▨，系统进入 MDI 运行模式。

② 按数控系统面板上的▨键，屏幕上显示 MDI 画面，像编制普通零件加工程序那样编制一段程序（命令行数由机床系统决定），例如输入 M03 S500，按下▨，控制屏幕上出现程序段"M03 S500"。

③ 按下循环启动键▨，执行程序，主轴旋转，否则机床不会运转。

④ 运行中按下循环键中的红色暂停键，机床将减速停止运行。再按下启动键，机床恢复运行。

3.2.3 数控车床的程序编辑

1. 创建程序

① 按下操作面板上的▨键，进入编辑运行方式。

② 按下控制面板上的▨键，数控屏幕显示程序画面。

③ 使用地址/数字键，输入程序号"O××××"，按▨键，即创建了新程序。

2. 字的插入、替换和删除

字的插入、替换和删除是在程序的输入和编辑过程中，需要进行的操作。

（1）字的插入

① 使用光标移动键▨、▨、▨或▨，将光标移到需要插入的字的后一位字符上。

② 键入要插入的字，例如"Z-25.0"，按下插入键▨，则字"Z-25.0"被插入。

（2）字的替换

① 使用光标移动键▨、▨、▨或▨，将光标移到需要替换的字上。

② 键入要替换的字，按替换键▨，则光标所在的字被替换。

（3）字的删除

① 使用光标移动键▨、▨、▨或▨，将光标移到需要删除的字上。

② 按删除键▨，则光标所在的字被删除。

（4）返回程序头

当光标处于程序中间，而需要将其快速返回到程序头时，最简单快捷的方法是：按下复位键，光标即可返回到程序头。

（5）程序的检索

数控机床使用中，往往会存储多个程序，调用已存储的程序所需的具体操作如下。

① 按下操作面板上的　键，进入编辑运行方式。

② 按下控制面板上的　键，在数控屏幕显示的程序画面中，按软键[DIR]进入 DIR 画面，即加工程序名列表画面。

③ 输入需检索的程序号"O××××"，如图 3-3 所示为检索"O0008"程序。

④ 按软键[O 检索]，则被检索的程序打开并显示在程序画面。

（6）程序的删除

删除程序的操作为：在程序检索时出现程序列表画面后，输入需删除的程序号"O××××"，如图 3-3 所示为检索"O0008"程序，然后按系统控制面板的删除键　，即完成删除。

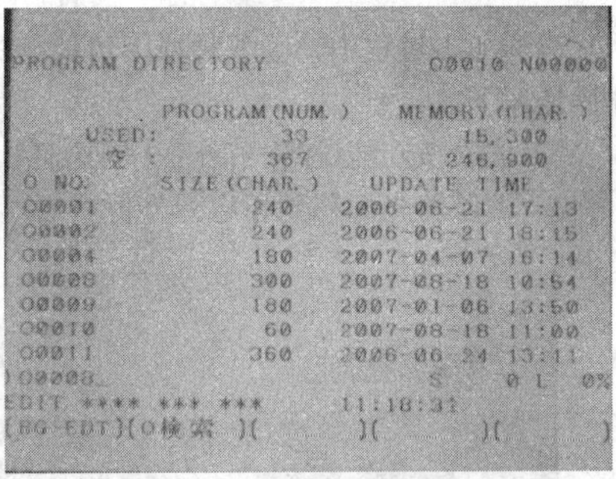

图 3-3　程序的检索

3.2.4　对刀和刀具补偿值设定

1. 试切法对刀建立工件坐标系

对刀操作又称为刀偏量的设置。数控车床的对刀方法有三种：试切对刀法、机械对刀仪对刀法、光学对刀仪对刀法。

数控机床对刀的目的是：通过对刀操作，将经过测量和计算出的刀具偏置量输入数控系统，以便建立工件坐标系。不同数控车床的对刀方法有差异，可查阅机床说明书。这里介绍手动对刀及刀偏值的设定。

（1）Z 轴的设定

假定编程坐标系设在工件右端面的回转中心处。

① 在手动方式下用加工所选刀具切削工件右端面。

② 将刀具沿 X 轴方向退刀，保持 Z 轴坐标不变，停止主轴。

③ 按系统控制键　两次，进入刀具补正/形状画面，如图 3-4 所示。

④ 将光标移动到与刀具号对应的偏置号处，输入"Z0"（若编程坐标系没有设在工件右端面的回转中心处，则测量编程坐标系的零点至右端面的距离，并输入该值）。

⑤ 按软键[测量]，完成该刀的 Z 轴设定。

（2）X 轴的设定

① 在手动方式中用上述刀具切削工件外圆。

② 沿 Z 轴方向上退刀，保持 X 轴坐标不变，停止主轴。

③ 测量所车外圆的直径。

④ 按系统控制键 █ 两次，进入刀具补正/形状画面。

⑤ 将光标移动到与刀具号对应的偏置号处，输入"X_"，_为所测外圆的直径，按软键[测量]，完成该刀具的X轴设定。

注意：

① 切削外圆段必须车光，否则，测量直径尺寸不准确，影响刀偏值的设定。

② 对所使用的每把刀具重复以上步骤，则其刀偏值可自动计算并设定。

2. 磨耗补偿参数设定

车削加工过程中，因各种原因可能造成刀具磨损，可通过修改X、Z及R值来补偿。具体操作如下。

① 依次按功能键 █→[补正]→[磨耗]，进入工具补正/磨耗参数设定界面，如图3-5所示。

② 可以将光标移到相应刀号位置后，再输入补偿值。

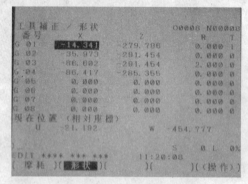

图3-4　刀具补正/形状画面

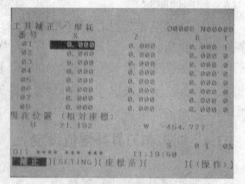

图3-5　刀具补正/磨耗画面

3.2.5　试运行与自动加工

1. 机床锁住和辅助功能锁住

机床锁住有两类，一类是机床所有轴锁住，停止所有轴的移动；一类是指定轴锁住，仅停止指定轴移动。另外，还有辅助功能锁住，它使M、S和T指令锁住，与机床锁住一样用于检查程序。执行加工程序，但机床不动只显示刀具位置的变化，就使用机床锁住。

按操作面板上机床锁住开关 █；自动运行加工程序时，机床刀架并不移动，只是CRT界面上显示各轴的移动位置。该功能可用于加工程序的检查。

注意：

① 工件坐标系和机床坐标系之间的位置关系，在自动运行使用机床锁住之前和之后，可能是不一样的。此时，可用坐标设定指令或执行手动返回参考点来确定工件坐标系。

② 当在机床锁住状态下发出G27、G28或G30指令时，指令被接受，但刀具不能移动到参考点，而且返回参考点灯不亮。

2. 空运行

自动运行加工前，不装工件和刀具，在自动运行状态运行程序，进行机床空运行。

机床按参数设定的速度而不以程序中指定的进给速度移动，该功能用于检查机床的运动。在自动运行期间按机床操作面板上空运行开关 ，可用快速移动开关来改变进给速度。

3. 单程序段

在首件试切时，为了安全，可选择单段运行执行程序加工。通过一段一段执行程序的方法来检查程序。

① 按操作选择键中的单段键 ，进入单段运行方式。

② 按下循环启动键 ，执行程序的一个程序段，然后机床停止。

③ 再按下循环启动按钮，执行程序的下一个程序段，然后机床停止，如此反复，直到执行完所有程序段。

4. 跳步执行程序

自动加工时，系统可跳过某些指定的程序段，称跳步执行。当按下数控机床操作面板上的跳步键 ，则在自动加工时，前面加"/"的程序段被跳过步执行；而当释放此按键后，"/"不起作用，则执行该程序段。

5. 自动运行

自动运行就是机床根据编制的零件加工程序来运行。

① 调出已调试好的加工程序。

② 按自动键 ，进入自动运行方式。

③ 按机床操作面板上的循环启动键 ，开始自动运行。

④ 运行中按下循环键中的红色暂停键，机床将减速停止运行。再按下启动键，机床恢复运行。

3.2.6　安全操作

1. 报警

数控系统对其软硬件及故障具有自我诊断能力，该功能用于监视整个加工过程是否正常，并及时报警。

2. 紧急停止

当数控车床出现异常情况时，立即按下机床操作面板上的紧急停止按钮，机床立即停止移动。紧急停止按下后，机床被锁住，解除方法是通过按箭头方向旋转将急停按钮抬起，然后按复位键复位。

3. 超程

刀具超越了机床开关限位的行程范围或者进入由参数指定的禁止区域，显示"超程"报警，且刀具减速停止，此时用手动将刀具移向安全方向，然后按复位键解除报警。

3.3 华中 HNC-21T 系统数控车床的操作

3.3.1 机床操作面板

数控装置操作台

华中世纪星 HNC-21T 系统车床数控装置操作台如图 3-6 所示。其控制键功能如表 3-4 所示。

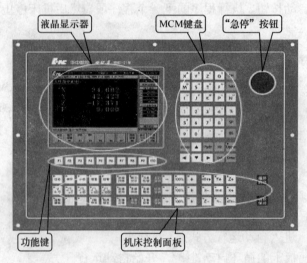

图 3-6 华中世纪星 HNC-21T 车床数控装置操作台

表 3-4 车床装置操作控制键功能

操作装置	图 标	功 能 说 明
液晶显示器		用于汉字菜单、系统状态、故障报警的显示和加工轨迹的图形仿真
MDI 键盘	［X^］〜［Enter］	标准化的字母数字式键盘，其中的大部分键具有上档键功能（当键 Upper 开启时，输入的是上档键上显示的字母数字）
功能键	［F1］〜［F10］	用于选取菜单命令栏中对应的功能操作
"急停" 按钮	●	机床运行过程中，在危险或紧急情况下，按 "急停" 按钮，CNC 即进入急停状态，伺服进给和主轴运转立即停止工作；松开 "急停" 按钮，CNC 进入复位状态。 注意：在启动和退出系统之前应按下 "急停" 按钮以确保人身、财产安全
控制面板		用于直接控制机床的动作或加工过程

HNC-21T 的软件操作界面如图 3-7 所示，其界面功能如表 3-5 所示。

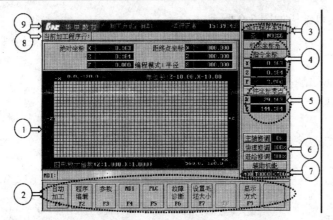

图 3-7 软件操作界面

表 3-5 软件操作界面功能说明

项目	界 面 名 称	功 能 说 明
①	图形显示窗口	根据需要用功能键 F9 设置窗口的显示内容
②	菜单命令条	通过菜单命令条中的功能键 F1 ～ F10 来完成系统功能的操作
③	运行程序索引	自动加工中的程序名和当前程序段行号
④	选定坐标系下的坐标值	坐标系可在机床坐标系/工件坐标系/相对坐标系之间切换 显示值在指令位置/实际位置/剩余进给/跟踪误差/负载电流/补偿值之间切换
⑤	工件坐标零点	工件坐标系零点在机床坐标系下的坐标
⑥	倍率修调	主轴修调：当前主轴修调倍率；进给修调：当前进给修调倍率；快速修调：当前快进修调倍率
⑦	辅助机能	自动加工中的 M、S、T 代码
⑧	当前加工程序行	当前正在或将要加工的程序段
⑨	当前加工方式	系统工作方式根据机床控制面板上相应按键的状态可在自动（运行）、单段（运行）、手动（运行）、增量（运行）、回零、急停、复位等之间切换
	系统运行状态	系统工作状态在"运行正常"和"出错"间切换
	当前时间	当前系统时间

操作界面中最重要的一块是菜单命令条。系统功能的操作主要通过菜单命令条中的功能键 F1 ～ F10 来完成。由于每个功能包括不同的操作，菜单采用层次结构，即在主菜单下选择一个菜单项后，数控装置会显示该功能下的子菜单，用户可根据该子菜单的内容选择所需的操作，如图 3-8 所示。

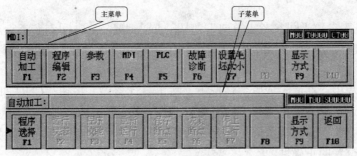

图 3-8 菜单层次

当要返回主菜单时，按子菜单下的 F10 键即可。

HNC-21T 的菜单结构如图 3-9 所示。

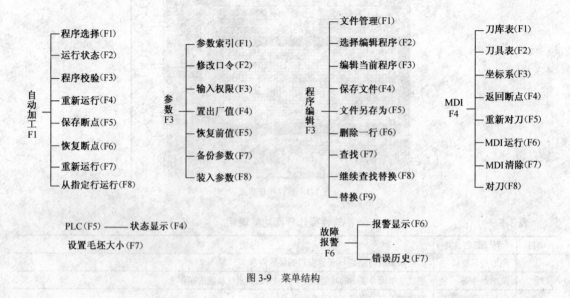

图 3-9　菜单结构

3.3.2　数控车床的基本操作

1. 上电、关机、急停

主要介绍机床数控装置的上电、关机、急停、复位、回参考点、超程解除等操作。

（1）上电

检查机床状态是否正常→检查电源电压是否符合要求，接线是否正确→按下"急停"按钮→机床上电→数控上电→检查风扇电机运转是否正常→检查面板上的指示灯是否正常。

（2）复位

系统上电进入软件操作界面时，系统的工作方式为"急停"，为控制系统运行，需左旋并拔起操作台右上角的●（急停）钮使系统复位，并接通伺服电源。系统默认进入回参考点方式，软件操作界面的工作方式变为"回零"。

（3）返回机床参考点

如果系统显示的当前工作方式不是回零方式，按控制面板上的█按键，确保系统处于回零方式。

根据 X 轴机床参数"回参考点方向"，按█或█键，X 轴回到参考点后；用同样的方法使用█、█键，使 Z 轴回参考点。所有轴回参考点后，即建立了机床坐标系。

（4）急停

机床运行过程中，在危险或紧急情况下，按下●（急停）按钮，CNC 即进入急停状态，伺服进给及主轴运转立即停止工作；松开●（急停）按钮，CNC 进入复位状态。

解除紧急停止前，先确认故障原因是否排除，且紧急停止解除后应重新执行回参考点操作，以确保坐标位置的正确性。

（5）超程解除

在伺服轴行程的两端各有一个极限开关，作用是防止伺服机构碰撞而损坏。每当伺服机构碰到行程极限开关时，就会出现超程。当某轴出现超程时，系统视其状况为紧急停止，要退出超程状态时，必须一直按压着 超程解除 按键；当机床工作台恢复正常工作位时，松开 超程解除 键，若显示屏上运行状态栏"运行正常"取代了"出错"，表示恢复正常，可以继续操作。

（6）关机

按下控制面板上的 ● （急停）按钮，断开伺服电源→断开数控电源→断开机床电源。

2．数控车床的机床手动操作

机床手动操作主要由手持单元和机床控制面板共同完成。机床控制面板如图 3-10 所示。

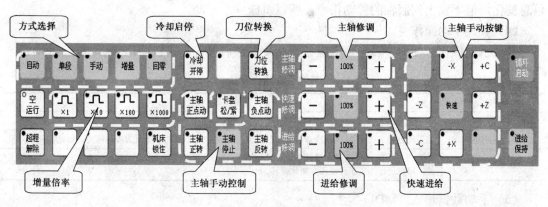

图 3-10　机床控制面板

（1）坐标轴移动

手动移动机床坐标轴的操作由手持单元和机床控制面板上的方式选择、主轴手动控制、增量倍率、进给修调、快速修调等按键共同完成。操作方法如表 3-6 所示。

表 3-6　　　　　　　　　　　　　　坐标轴移动操作方法

进 给 方 式	操 作 方 法				说　　明
点动进给	按 手动 键，系统处于点动运行方式，按 +X 或 -X 键，可在 X 轴方向上点动移动机床坐标轴。用同样的操作方法，使用 -Z、+Z 键可使 Z 轴产生正向或负向连续移动				在点动运行方式下，同时按压 X、Z 方向的轴手动按键，能同时手动连续移动 X、Z 坐标轴
点动快速移动	在点动进给时，若同时按 快速 键，则产生相应轴的正向或负向快速运动				
点动进给速度选择	按进给修调或快速修调右侧的 100% 键（指示灯亮），进给或快速修调倍率被置为 100%，按 + 键，修调倍率递增 5%，按 - 键，修调倍率递减 5%				在点动进给时，进给速率为系统参数"最高快移速度"的 1/3 乘以进给修调选择的进给倍率 点动快速移动的速率为系统参数"最高快移速度"乘以快速修调选择的快移倍率
增量值选择	增量进给的增量值由 ×1、×10、×100、×1000 四个增量倍率按键控制。				
	增量倍率按键	×1	×10	×100	×1000
	增量值（mm）	0.001	0.01	0.1	1

（2）主轴控制

主轴手动控制由机床控制面板上的主轴手动控制按键完成。操作方法如表 3-7 所示。

表 3-7   主轴控制操作方法

主轴控制方式	操 作 方 法
主轴正转	在手动方式下，按 键，主电机以机床参数设定的转速正转，直到按 或 键
主轴反转	在手动方式下，按 键，主电机以机床参数设定的转速反转，直到按 或 键
主轴停止	在手动方式下，按 键，主电机停止运转
主轴点动	在手动方式下，可用 、 键，点动转动主轴
主轴速度修调	按压"主轴修调"右侧的 键，主轴修调倍率被置为"100%"，按 键，主轴修调倍率递增 5%，按 键，主轴修调倍率递减 5%

（3）机床锁住

在手动运行方式下，按 键，再进行手动操作，系统继续执行，显示屏上的坐标轴位置信息变化，但不输出伺服轴的移动指令，所以机床停止不动。

（4）其他手动操作

其他手动操作包括刀位转换、卡盘松紧、冷却液启停等。各自操作方法如表 3-8 所示。

表 3-8   其他手动操作方法

其他手动操作	操 作 方 法
刀位转换	在手动方式下，按 键，转塔刀架转动一个刀位
冷却启动与停止	在手动方式下，按 键，冷却液开（默认值为冷却液关），再按一下又为冷却液关，如此循环
卡盘松紧	在手动方式下，按 键，松开工件（默认值为夹紧），可以进行更换工件操作；再按一下又为夹紧工件，可以进行加工工件操作，如此循环

（5）手动数据输入（MDI）运行

在图 3-8 所示的主操作界面下，按 键进入 MDI 功能子菜单，如图 3-11 所示。

图 3-11   MDI 功能子菜单

在 MDI 功能子菜单下按 键，进入 MDI 运行方式，如图 3-12 所示。

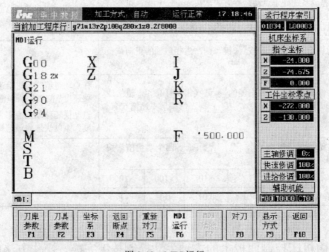

图 3-12   MDI 运行

① 输入 MDI 指令段：输入一个 MDI 运行指令段可以用一次输入（一次输入多个指令字的信息）和多次输入（每次输入一个指令字信息）两种方法。

例如：要输入"G00 X100 Z1000"MDI 运行指令段，可以用以下两种方法。

方法一：直接输入"G00 X100 Z1000"并按 Enter 键，图 3-6 所示的显示窗口内关键字 G、X、Z 的值将分别变为 00、100、1000。

方法二：先输入"G00"并按 Enter 键，图 3-6 所示的显示窗口内将显示大字符"G00"，再输入"X100"并按 Enter 键，然后输入"Z1000"并按 Enter 键，显示结果同方法一。

在输入命令时，可以在命令行看见输入的内容，在按 Enter 键之前发现输入错误，可用 Bs 、▶ 、◀ 键进行编辑，按 Enter 键后，系统发现输入错误，会提示相应的错误信息。

② 运行 MDI 指令段：在输入完一个 MDI 指令段后，按操作面板上的 循环启动 键，系统即开始运行所输的 MDI 指令。如果输入的 MDI 指令信息不完整或存在语法错误，系统会提示相应的错误信息，此时不能运行 MDI 指令。

③ 修改某一字段的值：在运行 MDI 指令段之前，如果要修改输入的某一指令字，可直接在命令行上输入相应的指令字符及数值，则原位置的字符及数据被覆盖修改。

④ 清除当前输入的所有尺寸字数据：在输入 MDI 数据后，按 F7 键可清除当前输入的所有尺寸字数据（其他指令字依然有效），显示窗口内 X、Z、I、K、R 等字符后面的数据全部消失。此时可重新输入新的数据。

⑤ 停止当前正在运行的 MDI 指令：在系统正在运行 MDI 指令时，按 F7 键可停止 MDI 指令的运行。

3.3.3　数控车床的刀具参数设置

本节介绍机床的手动数据输入（MDI）操作，主要包括：坐标系数据设置、刀库数据设置、刀具数据设置。

在图 3-8 所示的软件操作界面下，按 F4 键进入 MDI 功能子菜单，命令行与菜单条的显示如图 3-11 所示。

在 MDI 功能子菜单下，可以输入刀具、坐标系等数据。其设置方法如表 3-9 所示。

表 3-9　　　　　　　　　　　　　　　　刀具参数设置

设 置 项 目		按　　键	说　　明
刀库数据设置		F1	用 ▼ 、▲ 、◀ 、▶ 、Pgup 、Pgdn 移动选择/编辑
刀具数据设置	手动	F2	用 ▼ 、▲ 、◀ 、▶ 、Pgup 、Pgdn 移动选择/编辑
	自动	F8	进入自动模式后，按 F2 键选择设置刀具偏置量
			进入自动模式后，按 F7 键选择标准刀具刀号
			进入自动模式后，按 F8 键选择标准刀具的 X/Y 值
			进入自动模式后，按 F9 键选择 X 轴/Z 轴的补偿量
坐标系数据设置	手动	F3	按 Pgup 或 Pgdn 键，选择要输入的数据类型
			G54/G55/G56/G57/G58/G59 坐标系/当前工件坐标系等的偏置值（坐标系零点相对于机床零点的值），或当前相对值零点
	自动	F8	进入自动模式后，按 F4 键选择坐标系
		F5	进入自动模式后，按 F5 键选择对刀方式（X 轴/Y 轴对刀）

3.3.4　数控车床的程序编辑

在如图 3-7 所示的软件操作界面下，按 程序 键进入编辑功能子菜单。命令行与菜单条的显示如图 3-13 所示。

1．选择编辑程序

在图 3-13 所示的编辑功能子菜单下，按 选择程序 键，将弹出如图 3-14 所示的"选择编辑程序"菜单。

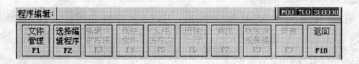

图 3-13　程序编辑功能子菜单　　　　　　　图 3-14　选择编辑程序

（1）选择磁盘程序

按快捷键 F1 选择磁盘程序，按 Enter 键弹出如图 3-15 所示对话框。连续按 Tab 键将蓝色亮条移到"搜寻"栏，用 ▼ 键弹出系统的分区表，用 ▼、▲ 选择分区，如[D：]。按 Enter 键确定文件列表框中显示被选分区的目录和文件。按 Tab 键进入文件列表框，用 ▼、▲、◄、►、Enter 键选中想要编辑的磁盘程序的路径和名称，调入到编辑缓冲区（图形显示窗口）进行编辑，如图 3-16 所示。

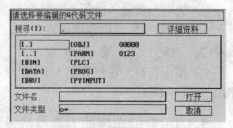

图 3-15　选择要编辑的零件程序

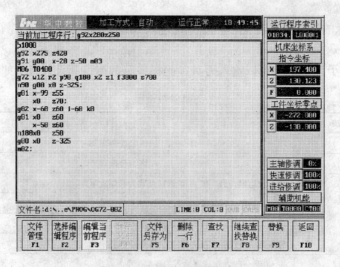

图 3-16　调入文件到编辑缓冲区

说明：

① 按 Enter 键，如果被选文件不是零件程序，则不能调入文件。

② 如果被选文件是只读 G 代码文件（可编辑但不能保存，只能另存），将弹出如图 3-17

所示对话框。

（2）选择当前正在加工的程序

按快捷键 F2 选择正在加工的程序，按 Enter 键，如果当前没有选择加工程序，系统将提示没有此加工程序，否则编辑器将调入"正在加工的程序"到编辑缓冲区，如果该程序处于正在加工状态，编辑器会用红色亮条标记当前正在加工的程序行，此时若进行编辑，将弹出如图 3-18 所示对话框；停止该程序的加工，就可以进行编辑了。

图 3-17　提示文件只读

图 3-18　提示停止程序加工

（3）读入串口程序

按快捷键 F3 选择串口程序，按 Enter 键，系统提示"正在和发送串口数据的计算机联络"，在上位计算机上执行 DNC 程序，弹出如图 3-19 所示主菜单。

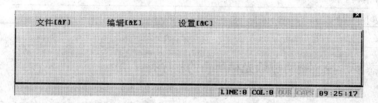

图 3-19　DNC 程序主菜单

按 Alt + F 键，弹出如图 3-20 所示文件子菜单，用 ▼、▲ 键选择"发送 DNC 程序"选项。
按 Enter 键，弹出如图 3-21 所示对话框，选择要发送的 G 代码文件，按 Enter 键确认。

图 3-20　文件子菜单

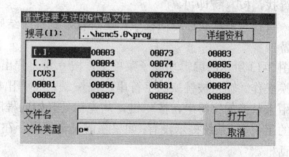

图 3-21　在上位计算机选择要发送的文件

说明：

① 联络成功后，开始传输文件，上位计算机上有进度条显示传输文件的进度，并提示"请稍等，正在通过串口发送文件"，要退出请按 Alt + E 键，HNC-21T 的命令行提示"正在接收串口文件"。

② 传输完毕，上位计算机上弹出对话框提示文件发送完毕，HNC-21T 的命令行提示"接收串口文件完毕"，编辑器将调入串口程序到编辑缓冲区。

2. 程序编辑

（1）编辑当前程序

当编辑器获得一个零件程序后，就可以编辑当前程序了，但在编辑过程中退出编辑模式后，再返回到编辑模式时，如果零件程序不处于编辑状态时，可在图 3-14 所示的编辑功能菜单中按 键可进入当前程式的编辑。

编辑过程中用到的主要快捷键功能如表 3-10 所示。

表 3-10　　　　　　　　　　　　　　编辑程序时的快捷键介绍

按　键	功　能　说　明
Del	删除光标后的一个字符，光标位置不变，余下的字符左移一个字符位置
Pgup	使编辑程序向程序头滚动一屏，光标位置不变，如果到了程序头，则光标移到文件首行的第一个字符处
Pgdn	使编辑程序向程序尾滚动一屏，光标位置不变，如果到了程序尾，则光标移到文件末行的第一个字符处
BS	删除光标前的一个字符，光标向前移动一个字符位置，余下的字符左移一个字符位置
◄	使光标左移一个字符位置
►	使光标右移一个字符位置
▲	使光标向上移一行
▼	使光标向下移一行

（2）删除一行

在编辑状态下，按 F6 键将删除光标所在的程序行。

（3）查找

在如图 3-14 所示的编辑功能子菜单下，按 F7 键，弹出查找字符串的对话框，按 Esc 键，将取消查找操作。在"查找"栏输入要查找的字符串，按 Enter 键，从光标处开始向程序结尾搜索。如果当前编辑程序不存在要查找的字符串，则系统提示没有找到；如果当前编辑程序存在要查找的字符串，光标将停在找到的字符串后，且被查找到的字符串颜色和背景都将改变；若要继续查找，按 F8 键即可。

说明：查找总是从光标处向程序结尾进行，到程序结尾后再从程序头继续往下查找。

（4）替换

在如图 3-13 所示的编辑功能子菜单下，按 F9 键，弹出被替换字符串的对话框，按 Esc 键，将取消替换操作。输入被替换的字符串，按 Enter 键，将弹出如图 3-22 所示的对话框。

输入用来替换的字符串，按 Enter 键，从光标处开始向程序尾搜索。如果当前编辑程序不存在被替换的字符串，系统提示没有；如果当前编辑程序存在被替换的字符串，将弹出如图 3-23 所示的对话框。

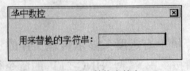

图 3-22　输入替换字符串

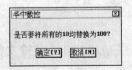

图 3-23　确认是否全部替换

按 Y 键则替换所有字符串，按 N 键则光标停在找到的被替换字符串后，且弹出如图 3-24 所示的对话框，按 Y 键则替换当前光标处的字符串，按 N 键则取消操作。若要继续替换，按

[F8]键即可。

说明：替换也是从光标处向程序结尾进行，到程序结尾后再从程序头继续往下替换。

（5）继续查找替换

在编辑状态下，[F8]键的功能取决于上一次进行的是查找还是替换操作。如果上一次是查找某字符串，则按[F8]键继续查找上一次要查找的字符串；如果上一次是替换某字符串，则按[F8]键继续替换上一次要替换的字符串。

说明：此功能只在前面已有查找或替换操作时才有效。

3. 程序存储与传递

（1）保存程序

在编辑状态下，按[F4]键可对当前编辑程序进行存盘。如果存盘操作不成功，系统会提示："出错，不能保存文件"。此时只能用[文件另存为 F5]功能将当前编辑的零件程序另存为其他文件。

（2）文件另存为

在如图 3-14 所示的编辑功能子菜单下，按[F5]键，将弹出如图 3-25 所示对话框。

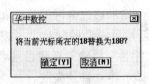

图 3-24　是否替换当前子串

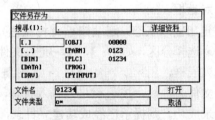

图 3-25　输入另存文件名

连续按[Tab]键将蓝色亮条移到"搜寻"栏，用[▼]键弹出系统的分区表，用[▼]、[▲]选择分区，如[D：]。按[Enter]键确定文件列表框中显示被选分区的目录和文件。按[Tab]键进入文件列表框，用[▼]、[▲]、[◄]、[►]、[Enter]键选择另存文件的路径。在"文件名"栏输入另存文件的文件名，按[Enter]键完成另存操作。

说明：此功能用于备份当前文件或被编辑的文件是只读的情况。

（3）串口发送

如果当前编辑的是串口程序，编辑完成后，按[F4]键可将当前编辑程序通过串口回送上位计算机。

4. 文件管理

在图 3-13 所示的编辑子菜单下，按[F1]键，将弹出如图 3-26 所示的文件管理菜单。

图 3-26　文件管理菜单

其中每一项的功能如表 3-11 所示。

表 3-11 　　　　　　　　　　　　　　**文件管理功能表**

功　能	快　捷　键	功　能　说　明
新建目录	F1	在指定磁盘或目录下建立一个新目录，但新目录不能和已存在的目录同名
更改文件名	F2	将指定磁盘或目录下的一个文件更名为其他文件，但更改的新文件不能和已存在的文件同名
拷贝文件	F3	将指定磁盘或目录下的一个文件拷贝到其他的磁盘或目录下，但拷贝的文件不能和目标磁盘或目录下的文件同名
删除文件	F4	将指定磁盘或目录下的一个文件彻底删除，只读文件不能被删除
映射网络盘	F5	将指定网络路径映射为本机某一网络盘符，即建立网络连接，只读网络文件编辑后不能被保存
断开网络盘	F6	将已建立网络连接的网络路径与对应的网络盘符断开
接收串口文件	F7	通过串口接收来自上位计算机的文件
发送串口文件	F8	通过串口发送文件到上位计算机

（1）新建目录

在文件管理菜单中（见图 3-26）用 ▲、▼ 键选中"新建目录"选项，按 Enter 键，弹出如图 3-27 所示的对话框。

按 Esc 键退出输入状态，连续按 Tab 键将蓝色亮条移到"搜寻"栏，按 ▼ 键弹出系统的分区表，用 ▲、▼ 选择分区，如[D：]，按 Enter 键，文件列表框中显示被选分区的目录和文件，按 Tab 键进入文件列表框，用 ▼、▲、◀、▶、Enter 键选中"新建目录"的父目录，按 Tab 键将蓝色亮条移到"文件名"栏，按 Enter 键进入输入状态，在"文件名"栏输入新建目录名。按 Enter 键，如果新建目录成功，则提示已经成功建立目录，否则，提示建立目录失败。

（2）更改文件名

在文件管理菜单中（见图 3-26）用 ▲、▼ 键选中"更改文件名"选项，按 Enter 键，弹出如图 3-28 所示对话框；同"新建目录"的操作方式，选择要被更改的文件路径及文件名，并更改新文件名，按 Enter 键，如果更名成功，则提示已经成功更改目录；否则，提示更改目录失败。

（3）拷贝文件

在文件管理菜单中用 ▲、▼ 键选中"拷贝文件"选项，按 Enter 键，弹出如图 3-29 所示对话框，同"新建目录"的操作方式，选择被拷贝的源文件路径及文件名。

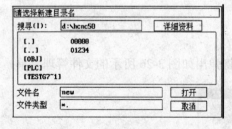
图 3-27　输入新建目录名

图 3-28　选择被更改的文件名

按 Enter 键，弹出如图 3-30 所示对话框；同"新建目录"的操作方式，在"文件名"栏输入要拷贝的目标文件名，按 Enter 键，系统提示文件已经拷贝，按 Y 键或 Enter 键完成拷贝。

说明：要拷贝的目标文件不能和当前目录中已存在的文件同名，否则会提示拷贝失败。

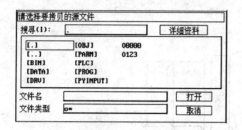

图 3-29　选择被拷贝的源文件

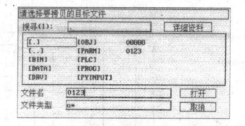

图 3-30　选择要拷贝的目标文件

（4）删除文件

在文件管理菜单中用 ▲、▼ 键选中"删除文件"选项，按 Enter 键，弹出如图 3-31 所示对话框。

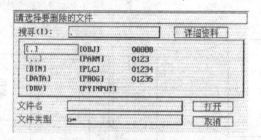

图 3-31　选择要删除的文件

同"新建目录"的操作方式，选择要被删除的文件路径及文件名，按 Enter 键，系统提示是否删除文件，按 Y 键将进行删除，按 N 键则取消删除操作。

操作实训题

用 FANUC 系统或华中系统编制如图 3-32 所示各零件的加工程序并加工。要求：根据图形制定加工工艺，合理安排加工顺序，编制加工程序，完成零件的加工，并对零件进行精度检验，写出实训报告。

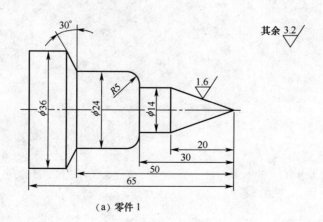

（a）零件 1

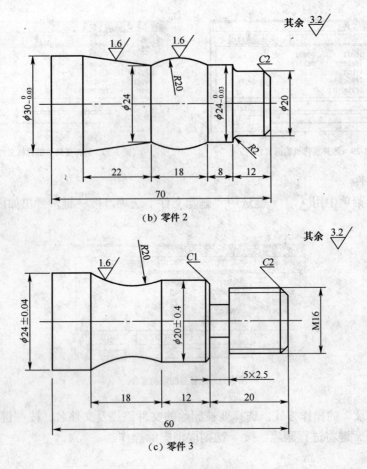

（b）零件 2

（c）零件 3

图 3-32　零件图

第4章 数控铣床及加工中心编程

数控铣床是主要采用铣削方式加工工件的数控机床。其加工功能很强，能完成各种平面、沟槽、螺旋槽、成型表面、平面曲线、空间曲线等复杂型面的加工。配上相应的刀具后，数控铣床还可以用来对零件进行钻、扩、铰、锪孔和镗孔加工及攻螺纹等。

加工中心是在数控铣床的基础上发展起来的。早期的加工中心就是指配有自动换刀装置和刀库并能在加工过程中实现自动换刀的数控镗铣床。所以它和数控铣床有很多相似之处，不过它的结构和控制系统功能都比数控铣床复杂得多。加工中心主要用于箱体类零件和复杂曲面零件的加工，因为加工中心具有多种换刀功能及自动工作台交换装置（APC），故工件经一次装夹后，可以自动地实现零件的铣、钻、镗、铰、攻螺纹等多工序的加工，从而大大提高了自动化程度和工作效率。

由于数控铣床和加工中心有这样密切的联系，因此本章把二者融合在一起介绍。就一般的指令和功能而言，二者是相同的。

4.1 数控铣削加工概述

4.1.1 数控铣床的分类

（1）立式数控铣床

立式数控铣床的主轴轴线垂直于水平面，如图4-1（a）所示。立式数控铣床中又以三坐标（X，Y，Z）联动铣床居多。可以附加数控回转工作台、增加靠模装置等来扩展数控立式铣床的功能、加工范围和加工对象，进一步提高生产效率。

（2）卧式数控铣床

卧式数控铣床的主轴轴线平行于水平面，如图4-1（b）所示。卧式数控铣床主要用来加工零件侧面的轮廓。为了扩充其功能和扩大加工范同，通常采用增加数控转盘来实现4或5坐标加工。这样既可以加工工件侧面的连续回转轮廓，又可以实现在一次安装中通过转盘改变工位，进行"4面加工"。卧式数控铣床主要适用于箱体类机械零件的加工。

（3）立、卧两用数控铣床

立、卧两用数控铣床指一台机床上有立式和卧式两个主轴，或者主轴可作90°旋转的数控铣床，同时具备立、卧式铣床的功能。立、卧两用数控铣床主要用于箱体类零件以及各类

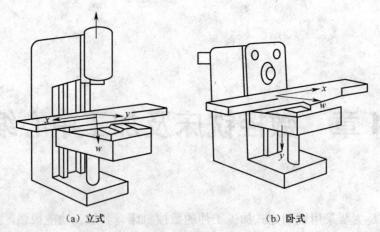

（a）立式 　　　　　　　　　　　（b）卧式

图 4-1　数控铣床主轴布局形式简图

模具的加工。图 4-2 所示为具有立式和卧式两个主轴的立、卧两用数控铣床。

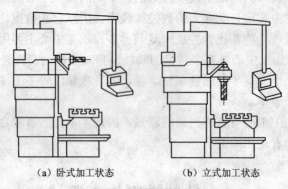

（a）卧式加工状态 　　　　　　　（b）立式加工状态

图 4-2　立卧两用数控铣床

（4）龙门数控铣床（数控龙门镗铣床）

龙门式数控铣床主轴固定于龙门架上。龙门式数控铣床主要用于大型机械零件及大型模具的各种平面、曲面和孔的加工。图 4-3 所示为龙门式数控镗铣床的典型结构及铣头附件。

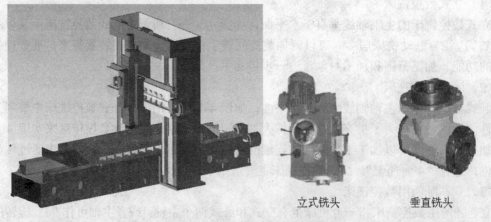

立式铣头 　　　　　　　垂直铣头

图 4-3　数控龙门镗铣床及其铣头附件

（5）万能式数控铣床

主轴可以旋转 90°或工作台带着工件旋转 90°，一次装夹后可以完成对工件五个表面的加工。

4.1.2　数控铣床的加工对象

数控铣削加工是机械加工中最常用的加工方法之一，它主要包括平面铣削和轮廓铣削，也可以对零件进行钻、扩、铰、镗、锪加工及螺纹加工等。数控铣削主要适合于下列几类零件的加工。

1. 平面类零件

平面类零件是指零件的各个加工单元面均是平面，或可以展开为平面，如图 4-4 所示。这类零件的数控铣削相对比较简单，一般只用数控铣床的两坐标联动就可以加工出来。例如一般的凸轮类零件都属于此类工件。目前数控铣床加工的多数零件属于平面类零件。

(a)　　　　　　　(b)　　　　　　　(c)

图 4-4　平面类零件

2. 变斜角类零件

变斜角类零件是指加工面与水平面的夹角呈连续变化的零件，其加工面不能展开为平面。例如飞机上的整体梁、框、缘条、肋筋等。这类零件的加工，一般要采用多坐标联动的数控铣床加工，也可以在三坐标数控铣床上通过两轴半联动近似加工，但精度稍差。

3. 曲面类零件

加工面为空间曲面的零件为称为曲面类零件，如图 4-5 所示。例如叶片、螺旋桨等。曲面类零件，其加工面不但不能展开为平面，加工过程中，从理论上讲，铣刀与加工面始终为点接触。这类零件在数控铣床的加工中也较为常见，通常利用三坐标数控铣床通过两轴联动、第三轴周期性移动的方式来加工。若用功能更好的三坐标联动数控铣床还能加工形状更加复杂的空间曲面。当曲面复杂，且通道狭窄，会伤及毗邻表面时，就需要四坐标或五坐标数控铣床，通过刀具相对工件的摆动来加工。

4. 孔类零件

孔类零件一般都有多组不同类型的孔，如箱体、泵体类零件。由于孔的位置精度要求较高，特别适合在数控铣床和加工中心上加工。通过特定的孔加工功能指令进行一系列的孔的加工，如钻孔、扩孔、铰孔、锪孔、镗孔、攻螺纹孔等。

图 4-5　曲面零件

4.2　数控加工中心概述

4.2.1　加工中心的特点、分类和使用范围

加工中心（Machining Center，MC）是一种配备有刀库，并能自动更换刀具，对工件进行多工序加工的数控机床。

1. 加工中心的特点

① 具有自动换刀装置。能自动更换刀具，在一次装夹中完成铣、钻、扩、铰、镗、攻螺纹等加工，工序高度集中。

② 带有自动摆角的主轴。工件在一次装夹后，自动完成多个平面和多个角度位置的加工，避免了重复装夹带来的定位误差，实现高精度定位和加工。

③ 许多加工中心带有自动交换工作台。一个工件在加工的同时，另一个工作台可以实现工件的装夹，从而大大缩短辅助时间，提高加工效率。

2. 加工中心的分类

加工中心的分类方法很多，按主轴在加工时的空间位置分为立式加工中心卧式加工中心龙门式加工中心和万能加工中心等。

（1）立式加工中心

立式加工中心的主轴处于垂直位置，如图 4-6 所示。它能完成铣削、镗削、钻削、攻螺纹、切削螺纹等工序，适合加工盘套板类零件。

（2）卧式加工中心

卧式加工中心的主轴处于水平位置，通常都带有自动分度的回转工作台一般具有三至五

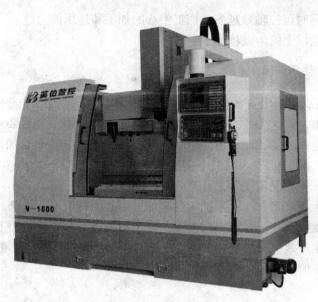

图 4-6　立式加工中心

个运动坐标，在一次装夹后，可以完成除安装面和顶面以外的其余四个表面的加工，如图 4-7 所示。较适于加工箱体类零件，特别是对箱体类零件上的一些孔和型腔有位置公差要求，以及孔和型腔与基准面（底面）有严格尺寸精度要求的零件加工。

图 4-7　卧式加工中心

（3）龙门式加工中心

龙门式加工中心的形状与龙门数控铣床相似，主轴多为垂直设置，除自动换刀装置外，还带有可更换的主轴头附件，数控装置的功能比较齐全，能够一机多用，适用于大型和形状复杂的零件加工。

加工中心根据数控系统控制功能的不同可以分为三轴联动、四坐标三轴联动、四轴联动、五轴联动等。同时可控轴数越多，加工中心的加工和适用能力越强。一般的加工中心为三轴联动，三轴联动以上的为高档加工中心。

3. 加工中心的使用范围

加工中心的加工工艺有着许多普通机床无法比拟的优点，但加工中心的价格较高，一次性投入较大，零件的加上成本就随之升高。所以，要从零件的形状、精度要求、周期性等方面综合考虑，从而决定是否适合用加工中心加工。一般来说，加工中心适合加工精密、复杂零件加工，周期性重复投产零件加工，多工位、多工序集中的零件加工，具有适当批量的零件加工等。

（1）既需要加工平面又需要加工孔系的零件

既需要加工平面又需要加工孔系的零件是加工中心的首选加工对象。利用加工中心的自动换刀功能，使这类零件在一次装夹后就能完成平面的铣削和孔系的加工。节约了装夹和换刀的时间，零件的生产效率和加工精度都得以提高。这类零件常见的有箱体类零件和盘、套、板类零件，如图4-8所示。

图4-8　箱体类零件

（2）要求多工位加工的零件

这类零件一般外形不规则，且大多要点、线、面多工位混合加工。若采用普通机床，只能分成好几个工序加工，工装较多，时间较长。利用加工中心擅长多工位点、线、面混合加工的特点，可用较短的时间完成大部分甚至全部工序。

（3）结构形状复杂的零件

结构形状复杂的零件其加工面是由复杂曲线、曲面组成的。通常需要多坐标标联动加工，在普通机床上一般无法完成，选择加工中心加工这类零件是最好的方法。典型的零件有凸轮类零件、整体叶轮类零件和模具类零件，如图4-9所示。

连杆　　　　　　　　　　　　　　连杆凹模

图4-9　模具零件

（4）加工精度要求较高的中小批量零件

加工中心具有加工精度高、尺寸稳定的特点。对加工精度要求较高的中小批量零件选择加工中心加工，容易获得要求的尺寸精度和形状位置精度，并可得到很好的互换性。

（5）周期性投产的零件

当用加工中心加工零件时，花在工艺准备和程序编制上的时间占了整个工时的很大比例。对于周期性生产的零件，可以反复使用第一次的工艺参数和程序，大大缩短生产周期。

（6）需要频繁改型的零件

这类零件通常是新产品试制中的零件，需要反复试验和改进。使用加工中心加工时，只需要修改相应的程序及适当调整一些参数，就可以加工出不同的零件形状，缩短试制周期，节省试制经费。

4.2.2　数控镗铣床和加工中心的刀具

数控镗铣床和加工中心的刀具由两部分组成，即刀柄和刃具。加工中心的通用刀柄如图4-10 所示，分为固定式和组合式两种。刀柄与主轴孔的配合锥面一般采用 7∶24 的锥柄，因为这种锥柄不自锁，换刀方便，与直柄相比有较高的定心精度和刚度。刀柄通过拉钉固定在主轴上。为使数控机床能进行各种零件的加工，必须配备各种类型的刀具。

在加工中心上使用的刀具种类很多，为了保证刀柄与主轴的配合与连接，刀具锥柄与拉钉的结构和尺寸均已标准化和系列化，在我国应用最为广泛的是BT40 和 BT50 系列刀柄和拉钉，各部分的尺寸如图4-11 和表 4-1 所示。除此之外，还有 BT30 和 BT45系列的刀柄和拉钉，不同标准系列的还有 ISO 系列刀柄和 NT 系列刀柄，与 BT 系列相似，结构稍有差别，但锥柄与拉钉结构相同。

（a）固定式刀柄　　（b）模块式刀柄

图 4-10　加工中心的通用刀柄

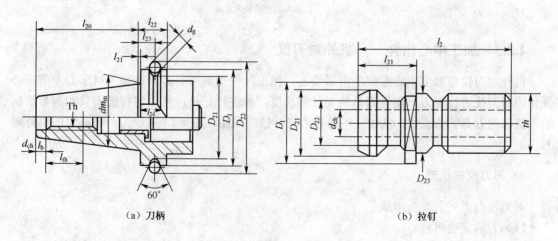

（a）刀柄　　　　　　　　　（b）拉钉

图 4-11　BT 系列刀柄与拉钉

表 4-1	BT40 和 BT50 系列刀柄和拉钉的结构尺寸																			mm

	刀 柄																			
BT 系列	B_{kw1}	c_1	c_2	c_3	d_{b1}	d_8	d_{hc}	dm_m	D_1	D_{21}	D_{22}	I_c	I_b	I_{th}	I_{21}	I_{22}	I_{23}	I_{24}	TH
40	16.1	22.6	-	-	17	10.00	-	44.45	63	53	75.68	65.4	9	21	2	16.6	27	21	M16
50	25.7	35.4	-	-	25	15.00	-	69.85	100	85	119.02	101.8	13	32	3	23.2	38	31	M24

	拉 钉							
BT 系列	D_{21}	D_{22}	D_{23}	D_1	d_{ch}	I_2	I_{21}	th
40	15	10	17	23	-	60	35	M16
50	23	17	25	38	-	85	45	M24

刀柄与刃具的装夹方式很多，主要取决于刃具类型，常用的几种装夹方式如图 4-12 所示。

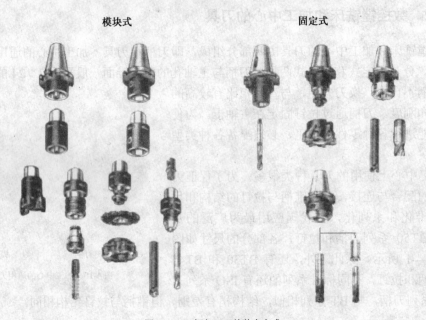

图 4-12 刀柄与刀刃的装夹方式

4.2.3 加工中心附件——机外对刀仪

机外对刀仪是加工中心重要的附属设备，加工时使用的所有刀具在装入机床刀库前都必须使用对刀仪进行对刀，测量刀具的半径和长度，并进行记录，然后将每把刀具的测量数据输入机床的刀具补偿表中，供加工中进行刀具补偿时调用。图 4-13 所示为一种典型的机外对刀仪。

1. 对刀仪的组成

对刀仪由下列三部分组成。

（1）刀柄定位机构

对刀仪的刀柄定位机构与标准刀柄相对应，它是测量的基准，所以要有很高的精度，并

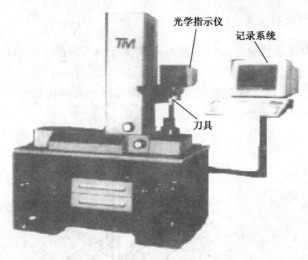

图 4-13 机外对刀仪

与加工中心的定位基准要求一致，以保证测量与使用的一致性。定位机构又包括以下部分：

① 回转精度很高的主轴；

② 使主轴回转的传动机构；

③ 使主轴与刀具之间拉紧的预紧机构。

（2）测头与测量机构

测头有接触式和非接触式两种。接触式用测头直接接触刀刃的主要测量点（最高点和最大外径点）。非接触式主要用光学方法，把刀尖投影到光屏上进行测量。测量机构提供刀刃的切削点处的 Z 轴和 Y 轴（半径）尺寸值，即刀具的轴向尺寸和径向尺寸。测量的读数有机械式（如游标刻度尺），也有数显或光学式的。

（3）测量数据处理装置

测量数据处理装置可以把刀具的测量值自动打印出来，或与上一级管理计算机联网，进行柔性加工，实现自动修正和补偿。有些对刀仪没有这部分装置。

2. 对刀仪使用的注意事项

（1）使用前要用基准刀杆进行校准

每台对刀仪都随机带有一件标准的对刀心轴，要妥善保护使其不被锈蚀和尽量减少受外力引起的变形。使用前要对 Z 轴和 X 轴进行校准和标定。

（2）静态测量的刀具与实际加工出的尺寸之间有一差值，影响这一差值的主要有如下因素：

① 刀具和机床的精度和刚度；

② 加工工件的材料和状况；

③ 冷却状况和冷却介质的性质；

④ 使用对刀仪的熟练程度。

由于以上原因，静态测量的刀具尺寸应大于加工后孔的实际尺寸，因此对刀时要考虑一个修正量，这要由操作者的经验来预选，一般要偏大 0.01～0.05mm。

3. 光学数显对刀仪的使用

如图 4-14 所示为光学数显对刀仪，被测刀具 3 可插入转盘 1 的锥孔中。转动手轮 9，可将立柱 8 左右移动，通过 X 轴光栅尺发信号，显示刀具半径 X 尺寸。测量架 6 可用电动快速和手动微调上下移动，通过 Z 轴光栅尺寸信号，测量出刀具伸出长度 Z 尺寸。

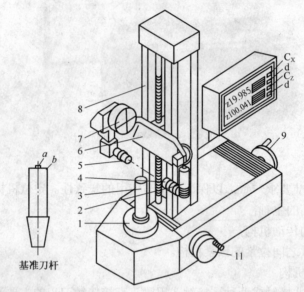

1—转盘 2—光源 3—被测刀具 4、5—透镜 6—测量架 7—投影屏幕

8—左、右移动立柱 9、10—手轮

图 4-14 光学数显对刀仪

刀具正确位置是从光源 2 发出来，通过透镜 4、透镜 5，经棱镜将刀尖投影在屏幕 7 上。测量时，可左右移动立柱 8，上下移动测量架 6，使刀尖位于投影屏幕 7 中十字线的相切处。通过手轮 10，可转动转盘 1，使刀尖位于 X 方向最大值位置。刀尖对准十字线后可按键【Cx】（置数），数显装置即显示出刀具半径尺寸；再按键【Cz】，即显示出刀具的长度尺寸。

开机时，为了校验对刀仪的位置精度，应先将基准刀杆插入转盘 1 中，用上述方法，使钢珠中 a 的最高点与屏幕 7 中的 X 轴相切，测量 Z 轴尺寸，再用相同方法，测出 b 尺寸（刀具半径），得出的数据与对刀仪说明书提供的基准刀杆尺寸比较，从而校验对刀仪的位置精度。如果在测量基准刀杆长度和半径时，按键【d】则数显装置为"清零"。在这种情况下，其他被测量刀具的尺寸为基准刀杆的差值。

4.3 数控铣削加工工艺

数控铣床具有丰富的加工功能和较宽的加工工艺范围，面对的工艺性问题也较多。在开始编制铣削加工程序前，一定要仔细分析数控铣削加工的工艺性，掌握铣削加工工艺装备的特点，以保证充分发挥数控机床的加工功能。

4.3.1 数控铣削加工工艺性分析

数控铣削加工工艺性分析是编程前的重要工艺准备工作之一,根据加工实践,数控铣削加工工艺分析主要解决以下几个方面的问题。

1. 选择并确定数控铣削加工部位及工序内容

在选择数控铣削加工内容时,应充分发挥数控铣床的优势和关键作用。主要选择的加工内容如下。

① 工件上的曲线轮廓,特别是由数学表达式给出的非圆曲线与列表曲线等曲线轮廓,如正弦曲线。

② 已给出数学模型的空间曲面,如图 4-15 所示的球面。

③ 形状复杂、尺寸繁多、划线与检测困难的部位。

④ 用通用铣床加工时难以观察、测量和控制进给的内外凹槽。

⑤ 以尺寸协调的高精度孔和面。

⑥ 能在一次安装中顺带铣出来的简单表面或形状。

⑦ 用数控铣削方式加工后,能成倍提高生产率,大大减轻劳动强度的一般加工内容。

2. 零件图样的工艺性分析

根据数控铣削加工的特点,对零件图样进行工艺性分析时,应主要分析与考虑以下一些问题。

(1)零件图样尺寸的正确标注

数控加工程序是以准确的坐标点来编制的,零件图中各几何元素间的相互关系(如相切、相交、垂直和平行等)应明确,各种几何元素的条件要充分,应无引起矛盾的多余尺寸或者影响工序安排的封闭尺寸等。例如,如图 4-16 所示,由于零件轮廓各处尺寸公差带不同,那么,用同一把铣刀、同一个刀具半径补偿值编程加工时,就很难同时保证各处尺寸在尺寸公差范围内。这时要对其尺寸公差带进行调整,一般采取的方法是:在保证零件极限尺寸不变的前提下,在编程计算时,改变轮廓尺寸并移动公差带,如图 4-16 所示的括号内的尺寸,编程时按调整后的基本尺寸进行,这样,在精加工时用同一把刀,采用相同的刀补值,如工艺系统稳定又不存在其他系统误差,则可以保证加工工件的实际尺寸分布中心与公差带中心重合,保证加工精度。

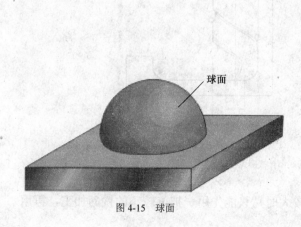

图 4-15 球面

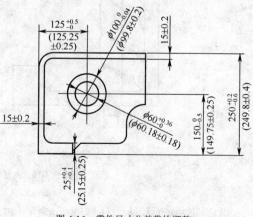

图 4-16 零件尺寸公差带的调整

（2）统一内壁圆弧的尺寸

① 内壁转接圆弧半径 R 不能太小。如图 4-17（a）所示，当工件的被加工轮廓高度 H 较小，内壁转接圆弧半径 R 较大时，则可采用刀具切削刃长度 L 较小，直径 D 较大的铣刀加工。这样，底面 A 的走刀次数较少，表面质量较好，因此，工艺性较好。反之如图 4-17（b），铣削工艺性则较差。通常，当 $R>0.2H$ 时，零件结构工艺性较好。

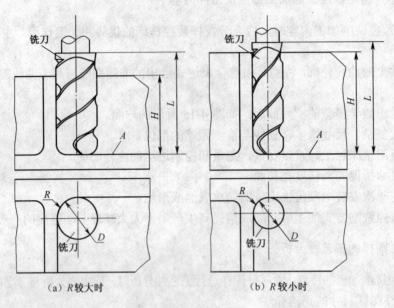

（a）R 较大时　　　　　　　　　　　（b）R 较小时

图 4-17　内壁转接圆弧半径

② 内壁与底面转接圆弧半径 r 不要过大。如图 4-18（a）所示，铣刀直径 D 一定时，铣刀与铣削平面接触的最大直径 $d=D-2r$，工件的内壁与底面转接圆弧半径 r 越小，则 d 越大，即铣刀端刃铣削平面的面积越大，加工能力越强，铣削工艺性越好。反之，工艺性越差，如图 4-18（b）所示。

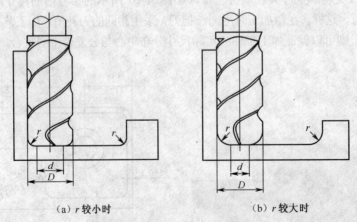

（a）r 较小时　　　　　　　　　　　（b）r 较大时

图 4-18　内壁与底面转接圆弧半径

当底面铣削面积大，转接圆弧半径 r 也较大时，只能先用一把 r 较小的铣刀加工，再用

符合要求 r 的刀具加工，分两次完成切削。

总之，一个零件上内壁转接圆弧半径尺寸的大小和一致性，影响着加工能力、加工质量和换刀次数等。因此，转接圆弧半径尺寸大小要力求合理，半径尺寸尽可能一致，至少要力求半径尺寸分组靠拢，以改善铣削工艺性。

3. 定位基准要统一

在数控加工中若没有统一的定位基准，则会因工件的二次装夹而造成加工轮廓的位置及尺寸误差。另外，在零件上要选择合适的结构（孔、凸台等）作为定位基准，必要时设置工艺结构作为定位基准，或用精加工表面作为统一基准，以减少二次装夹产生的误差。

4. 分析零件的变形情况

铣削工件在加工时的变形，将影响加工质量。这时，可采用常规方法如粗、精加工分开及对称去余量法等，也可采用热处理的方法，如对钢件进行调质处理，对铸铝件进行退火处理等。加工薄板时，切削力及薄板的弹性退让极易产生切削面的振动，使薄板厚度尺寸公差和表面粗糙度难以保证，这时，应考虑合适的工件装夹方式。

4.3.2 数控铣削加工工艺路线的确定

数控铣削加工工艺路线的确定是制定铣削工艺规程的重要内容之一，主要包括：选择各加工表面的加工方法，加工阶段加工工序的划分以及加工路线的确定。其中加工方法的选择和工序划分见第一单元工艺设计部分，这里重点介绍数控铣削加工路线的确定。

在确定走刀路线时，针对数控铣床的特点，应重点考虑以下几个方面。

1. 保证零件的加工精度和表面粗糙度

（1）最终轮廓一次走刀完成

为保证工件轮廓表面加工后的粗糙度要求，最终轮廓应安排在最后一次走刀中连续加工出来。如图 4-19（a）所示为用行切方式加工内腔的走刀路线，这种走刀能切除内腔中的全部余量，不留死角，不伤轮廓。但行切法将在两次走刀的起点和终点间留下残留高度，而达不到要求的表面粗糙度。所以如采用 4-19（b）图的走刀路线，先用行切法，最后沿周向环切一刀，光整轮廓表面，能获得较好的效果。图 4-19（c）也是一种较好的走刀路线方式。

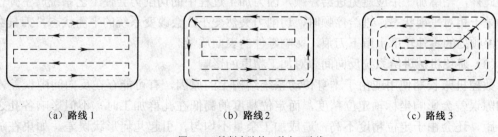

　　　（a）路线 1　　　　　　　　　　（b）路线 2　　　　　　　　　　（c）路线 3

图 4-19 铣削内腔的三种走刀路线

（2）选择切入切出方向

铣削零件轮廓时，为保证零件的加工精度与表面粗糙度要求，避免在切入切出处产生刀

具的刻痕，设计刀具切入切出路线时应避免沿零件轮
廓的法向切入切出。切入工件时沿切削起始点延伸线
或切线方向逐渐切入工件，保证零件曲线的平滑过
渡。同样，在切离工件时，也应避免在切削终点处直
接抬刀，要沿着切削终点延伸线或切线方向逐渐切离
工件。

　　铣削平面零件外轮廓时，一般采用立铣刀侧刃切
削。刀具切入工件时，应避免沿零件轮廓的法线切入，
而应沿外廓曲线延长线切入，如图 4-20 所示。

　　如图 4-21（a），切削外圆凸台时，使用与圆相切
的切入切出直线段，切入路线为 1-2-3-4-5；如图 4-21
（b），铣削内圆轮廓的进给路线为 1-2-3-4-5，R_1 为零
件圆弧轮廓半径，R_2 为过渡圆弧半径。

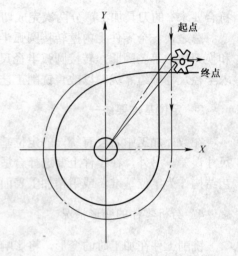

图 4-20　刀具切入和切出时的外延

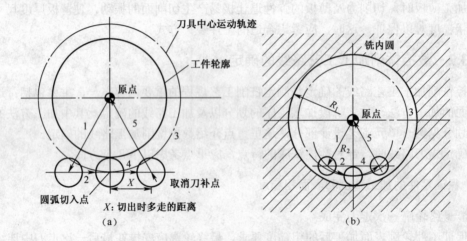

图 4-21　切削外圆台

　　铣削内槽时除选择刀具圆角半径符合内槽的图纸要求外，为保证零件的表面粗糙度，同
时又使进给路线短，可先用行切法切去中间部分余量，最后用环切法切一刀，既能使总的进
给路线短，又能获得较好的表面粗糙度。

　　此外，轮廓加工中应避免进给停顿，因为加工过程中的切削力会使工艺系统产生弹性变
形并处于相对平衡状态，进给停顿时，切削力突然变小，会改变系统的平衡状态，刀具会在
进给停顿处的零件轮廓上留下刀痕，影响零件的表面质量。

　　（3）避免机械进给系统反向间隙对加工精度的影响

　　数控机床长期使用或由于本身传动系统结构上的原因，有可能存在反向间隙误差，反
向间隙误差会影响坐标轴定位精度，而定位精度的高低在孔群加工时，不但影响各孔之间
中心距，还会由于定位精度不高，造成加工余量不均匀，引起几何形状误差。如果在加工
过程中刀具不断地改变趋近方向，就会把坐标轴反向间隙带入加工中，造成定位误差增加。
故对于孔定位精度要求较高的零件，在安排进给路线时，应避免机械进给系统的反向间隙
对加工精度的影响。如图 4-22 所示，在确定将刀具快速定位运动到孔中心线的位置加工路

线时，若按照图 4-22（a）设计进给路线，即 1-2-3-4，则由于 4 孔与 1、2、3 孔的定位方向相反，Y 向反向间隙会使定位误差增加，从而影响 4 孔与其他孔的位置精度。若按照图 4-22（b）设计进给路线，加工完 3 孔后往上移动一段距离至 P 点，然后再折回来在 4 孔处进行定位加工，这样方向一致，就可避免反向间隙引入，提高了 4 孔的定位精度。

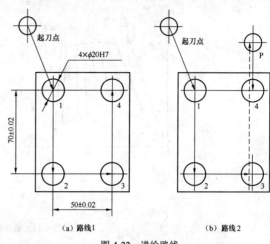

（a）路线1　　　　　（b）路线2

图 4-22　进给路线

（4）选择使工件在加工后变形小的路线

对横截面积小的细长零件或薄板零件应采用分几次走刀加工到最后尺寸或对称去除余量法安排走刀路线。安排工步时，应先安排对工件刚性破坏较小的工步。

2．寻求最短加工路线

确定走刀路线时，在满足零件加工质量的前提下应使走刀路线最短，减少刀具空行程时间，提高生产效率。如加工图 4-23（a）所示零件上的孔系。4-23（b）图的走刀路线为先加工完外圈孔后，再加工内圈孔。若改用 4-23（c）图的走刀路线，减少空刀时间，则可节省定位时间近一倍，提高了加工效率。

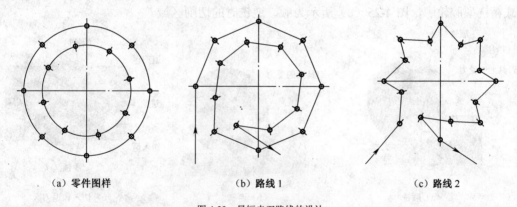

（a）零件图样　　　　　　　　（b）路线1　　　　　　　　（c）路线2

图 4-23　最短走刀路线的设计

3．铣削曲面的加工路线的分析

铣削曲面时，常用球头刀采用"行切法"进行加工。所谓行切法是指刀具与零件轮廓的切点轨迹是一行一行的，而行间的距离是按零件加工精度的要求确定的。对于边界敞开的曲面加工，可采用两种加工路线。如图 4-24 所示，对于发动机大叶片，当采用图 4-24（a）所示的加工方案时，每次沿直线加工，刀位点计算简单，程序少，加工过程符合直纹面的形成，可以准确保证母线的直线度。当采用图 4-24（b）所示的加工方案时，符合这类零件数据给出情况，便于加工后检验，叶形的准确度高，但程序较多。由于曲面零件的边界是敞开的，没有其他表面限制，所以曲面边界可以延伸，球头刀应由边界外开始加工。

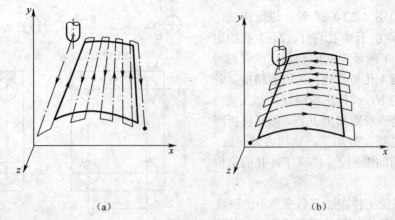

（a）　　　　　　　　　　　　　　　（b）

图 4-24　曲面加工的加工路线

4. 顺铣和逆铣对加工影响

在铣削加工中，采用顺铣还是逆铣方式是影响加工表面粗糙度的重要因素之一。逆铣时切削力 F 的水平分力 F_X 的方向与进给运动 V_f 方向相反，顺铣时切削力 F 的水平分力 F_X 的方向与进给运动 V_f 的方向相同。铣削方式的选择应视零件图样的加工要求，工件材料的性质、特点以及机床、刀具等条件综合考虑。通常，由于数控机床传动采用滚珠丝杠结构，其进给传动间隙很小，顺铣的工艺性就优于逆铣。

如图 4-25（a）所示为采用顺铣切削方式精铣外轮廓，图 4-25（b）所示为采用逆铣切削方式精铣型腔轮廓，图 4-25（c）所示为顺、逆铣时的切削区域。

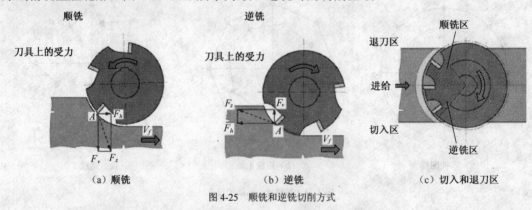

（a）顺铣　　　　　　　　　　（b）逆铣　　　　　　　　　（c）切入和退刀区

图 4-25　顺铣和逆铣切削方式

同时，为了降低表面粗糙度值，提高刀具耐用度，对于铝镁合金、钛合金和耐热合金等材料，尽量采用顺铣加工。但如果零件毛坯为黑色金属锻件或铸件，表皮硬而且余量一般较大，这时采用逆铣较为合理。

以上分析了数控加工中常用的加工路线，实际生产中，加工路线的确定要根据零件的具体结构特点，综合考虑、灵活运用。而确定加工路线的总原则是：在保证零件加工精度和表面质量的条件下，尽量缩短加工路线，以提高生产率。

4.3.3　夹具与装夹方式的选用

数控铣削加工装夹方案的确定时，主要考虑以下几个方面。

① 尽可能做到一次装夹后能加工出全部或大部分的待加工表面，减少装夹次数，以提高加工法效率和保证加工精度。

② 必须保持最小的夹紧变形。工件在加工时，切削力力大，需要的夹紧力也大，必须慎重选择夹具的支撑点，使夹紧力的方向和作用点落在定位元件的支承范围内，靠近支承元件的几何中心或工件加工表面，并应施加于工件刚性较好的方向和部位，不能把工件加压变形。如果采取了相应措施，仍不能控制零件变形，只能将粗、精加工分开，或粗、精加工采用不同的夹紧力。

③ 尽量采用组合夹具通用夹具，避免采用专用夹具。夹具结构应力求简单。数控铣床和加工中心上加工零件大都采用工序集中的原则，加工的部位较多，同时批量较小，零件更换周期短，故夹具的标准化、通用化和自动化对提高加工效率及降低加工成本都有很大影响。因此，对批量小的零件优先采用组合夹具。对形状简单的单件小批量零件，可采用通用夹具，如三爪卡盘、虎钳等。只有在批量大、加工精度要求较高的情况下才设计专用夹具，以保证加工精度和提高装夹效率。

④ 装卸零件要方便可靠能迅速完成零件的定位夹紧和拆卸过程，减少辅助加工时间。

⑤ 零件的装夹定位要有利于对刀。

⑥ 夹紧机构或其他元件不得影响进给，加工部位要敞开，避免加工路径中刀具与夹具元件发生干涉。

4.3.4　数控铣削刀具的选用

在数控铣削加工时使用的刀具主要为铣刀，包括面铣刀、立铣刀、球头铣刀、三面刃盘铣刀、环形铣刀等，除此以外还有各种孔加工刀具，如钻头（锪钻、铰刀、镗刀等）、丝锥等。这里主要介绍在数控铣削时常用的铣刀。

1. 面铣刀

面铣刀主要用于加工较大的平面。如图 4-26 所示，面铣刀的圆周表面合端面上都有切削刃，圆周表面上的切削刃为主切削刃，端面切削刃为副切削刃。

图 4-26　面（盘）铣刀

面铣刀刀齿材料为高速钢和硬质合金钢。与高速钢相比，硬质合金面铣刀的铣削速度较高，可获得较高的加工效率和加工表面质量，并可加工带有硬皮和淬硬层的工件，故得到广泛应用。目前应用较广的是可转位硬质合金面铣刀。

标准可转位式面铣刀的直径为 16～630mm。选择面铣刀直径时主要需考虑刀具所需功率应在机床功率范围之内，也可将机床主轴直径作为选取的依据，面铣刀直径可按 $D=1.5d$（d 为主轴直径）选取。在批量生产时，也可按工件切削宽度的 1.6 倍选择刀具直径。粗铣时，铣刀直径要小些，因为粗铣切削力大，选小直径铣刀可减小切削扭矩。精铣时，铣刀直径要选大些，尽量包容工件整个加工宽度，以提高加工精度和效率，并减小相邻两次进给之间的接刀痕迹。

2. 立铣刀

立铣刀是数控加工中用的最多的一种铣刀，主要用于加工凹槽较小的台阶面以及平面轮廓。如图 4-27 所示，立铣刀的圆柱表面和端面上都有切削刃，它们既可以同时进行切削，也可以单独进行切削。圆柱表面的切削刃为主切削刃，端面上的切削刃为副切削刃。副切削刃主要用来加工与侧面垂直的底平面，普通立铣刀的端面中心处无切削刃，故一般不宜作轴向进给。

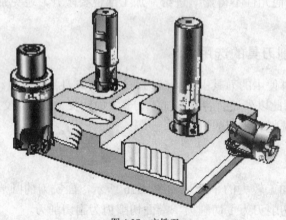

图 4-27 立铣刀

立铣刀直径的选择主要应考虑工件加工尺寸的要求，并保证刀具所需功率在机床额定功率范围以内。对于小直径立铣刀，则应主要考虑机床的最高转速能否达到刀具的最低切削速度（60m/min）。

3. 球头铣刀

球头铣刀的结构特点是球部布满切削刃，圆周刃与球部刃圆弧连接，可以作径向和轴向进给。加工曲面类零件时，为了保证刀具切削刃与加工轮廓在切削点相切，而避免刀刃与工件轮廓发生干涉，一般采用球头刀，粗加工用两刃铣刀，半精加工和精加工用四刃铣刀，如图 4-28 所示，为机夹式球头铣刀。

4. 键槽铣刀

键槽铣刀主要用于加工封闭的槽铣，键槽铣刀结构与立铣刀相近，圆柱表面和端面上都

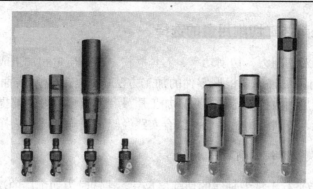

图 4-28　机夹式球头铣刀

有切削刃，键槽铣刀只有两个齿，端面刃延至中心，既像立铣刀，又像钻头。为了保证槽的尺寸精度、一般用两刃键槽铣刀，加工时，先沿轴向进给达刀键槽深度，然后沿键槽方向铣出键槽全长，键槽铣刀如图 4-29 所示。刀的直径和宽度应根据加工工件尺寸选择，并保证其切削功率在机床允许的功率范围之内。

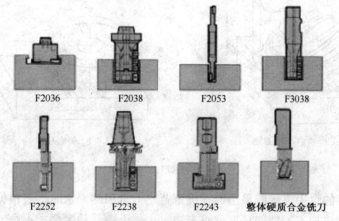

图 4-29　键槽铣刀

如图 4-30 所示是铣削加工时工件形状和刀具形状的关系。

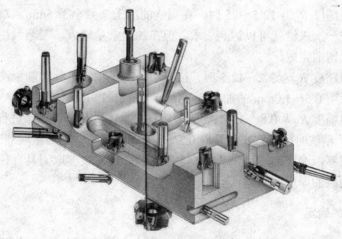

图 4-30　加工形状与铣刀的选择

4.3.5 数控铣削加工切削用量的选择

切削用量的大小对切削力、切削功率、刀具磨损、加工质量和加工成本均有显著影响。数控加工中选择切削用量时，要根据零件的加工方法、加工精度和表面质量要求、工件材料、选用的刀具和使用的数控设备，在保证加工质量和刀具耐用度的前提下，充分发挥机床性能和刀具切削性能，查切削用量手册并结合实践经验，正确合理地选择切削用量。

1. 背吃刀量和侧吃刀量的确定

背吃刀量 a_p 是指平行于铣刀轴线的切削层尺寸，端铣时为切削层的深度，周铣时为切削层的宽度，如图 4-31（a）所示。

侧吃刀量 a_e 是指垂直于铣刀轴线的切削层尺寸，端铣时为被加工表面的宽度周铣时为切削层的深度，如图 4-31（b）所示。

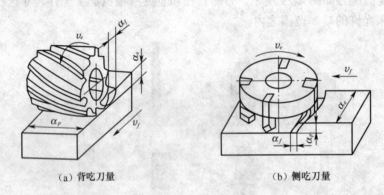

（a）背吃刀量 （b）侧吃刀量

图 4-31 铣削加工的切削用量

吃刀量对刀具的耐用度影响最小，在确定背吃刀量和侧刀量时，要根据机床、夹具、刀具、工件的刚度和被加工零件的精度要求来决定。如果零件精度要求不高，在工艺系统刚度允许和机床动力范围内，尽量加大吃刀量，提高加工效率。如果零件精度要求高，应减小吃刀量，增加走刀次数。

当零件表面粗糙度 R_a 为 12.5～25 时，在周铣的加工余量小于 5mm，端铣的加工余量小于 6mm 时，粗铣一次进给就可以达到要求。但在加工余量较大，工艺系统刚度和机床动力不足时，应分两次切削完成。

当零件表面粗糙度 R_a 为 3.2～12.5 时，应分粗铣和半精铣进行切削粗铣时吃刀量按上述要求确定，粗铣后留 0.5～1.0mm 的加工余量，在半精铣时切除。

当零件表面粗糙度 R_a 为 0.8～3.2 时，应分粗铣、半精铣和精铣三步进行。半精铣的吃刀量取 1.5～2.0mm；精铣时周铣侧吃刀量取 0.3～0.3mm；端铣背吃刀量取 0.5～1.0mm。

为提高切削效率，端铣刀应尽量选择较大的直径，切削宽度取刀具直径的 1/3～1/2，切削深度应大于冷硬层的厚度。

2. 进给速度的确定

进给速度 F 使刀具切削时，单位时间内工件与刀具沿进给方向的相对位移，单位为

mm/min。对于多齿刀具，其进给速度 F、刀具转速 n、刀具齿数 z 和没齿进给量 f_z 的关系为：

$$F=nzf_z \qquad (4\text{-}1)$$

进给速度是影响刀具耐用度的主要因素，在确定进给速度时，要综合考虑零件的加工精度、表面粗糙度、刀具及工件的材料等因素，参考切削用量手册选取。

粗加工时，主要考虑机床进给机构和刀具的强度、刚度等限制因素，根据被加工零件的材料、刀具尺寸和已确定的背吃刀量，选择进给速度。

半精加工和精加工时，主要考虑被加工零件的精度、表面粗糙度、工件和刀具的材料性能等因素的影响。工件表面粗糙度值越小，进给速度也越小；工件材料的硬度越高，进给速度也越低；工件、刀具的刚度和强度越低时，进给速度应选较小值。工件表面的加工余量大切削进给速度应低一些。反之，工件的加工余量小，切削进给速度应高一些。常用铣刀的进给量如表 4-2 所示。

表 4-2　　　　　　　　　　　　铣刀每齿进给量 f_z 参考值

工件材料	f_z			
	粗　铣		**精　铣**	
	高速钢铣刀	硬质合金铣刀	高速钢铣刀	硬质合金铣刀
钢	0.10～0.15mm	0.10～0.25mm	0.02～0.05mm	0.10～0.15mm
铸铁	0.12～0.20mm	0.15～0.30mm		

3. 过切与欠切

在高速进给的轮廓加工中，当零件有圆弧或拐角时由于惯性作用刀具在切削时容易产生过切现象，如图 4-32（a）所示。若拐角为内凹的表面，拐角处的金属因刀具"超程"而出现过切现象。这两种现象都会使轮廓表面产生误差，从而影响加工质量。因此，在拐角较大，进给速度较高时，应在接近拐角处适当降低进给速度，在拐角后逐渐升高进给速度，以保证加工精度。低速进给速度值和低速段的长度，根据机床的动态特性和"超程"允许误差来决定。

在切削过程中，如果背吃刀量、进给速度过大，刀具或工艺系统的刚度不足，在切削力的作用下使刀具滞后而产生欠切现象。使工件上本该切除的材料少切除一些，从而产生欠切的误差，如图 4-32（b）所示。解决欠切现象的办法与过切基本相同。

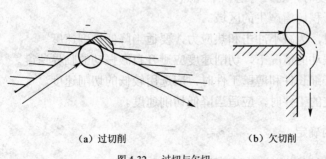

（a）过切削　　　　　　　　　（b）欠切削

图 4-32　过切与欠切

4. 切削速度的确定

切削速度 v 是刀具切削刃的圆周线速度。可用经验公式计算，也可根据已经选好的背吃刀量、进给速度及刀具的耐用度，在机床允许的切削速度范围内查取，或参考有关切削用量手册选用。切削速度应尽量避开积屑瘤产生的区域；继续切削时，为减小冲击和热应力，要适当降低切削速度。在易发生振动的情况下，切削速度应避开自激振动的临界速度；加工细长件和薄壁工件时，应选用较低的切削速度；加工带外皮的工件时，应适当降低切削速度。需要强调的是切削用量的选择虽然可以查阅切削用量手册或参考有关资料确定，但是就某一个具体零件而言，通过这种方法确定的切削用量未必就非常理想，有时需要结合实际进行试切，才能确定比较理想的切削用量。因此需要在实践当中不断进行总结和完善。常用工件材料的铣削速度参考值如表 4-3 所示。

表 4-3　　　　各种常用工件材料的铣削速度参考值

工作材料	硬度/HB	铣削速度 v_c（m/min）		工件材料	硬度/HB	铁铣速度 v_c（m/min）	
		高速钢铣刀	硬质合金铣刀			高速钢铣刀	硬质合金铣刀
低、中碳钢	<220	21～40	80～150	工具钢	200～250	12～24	36～84
	225～290	15～36	60～114		100～140	24～36	110～115
	300～425	9～20	40～75	灰铸铁	150～225	15～21	60～110
高碳钢	<220	18～36	60～132		230～290	9～18	45～90
	225～325	14～24	53～105		300～320	5～10	21～30
	325～375	9～12	36～48	可锻铸铁	110～160	42～50	100～200
	375～425	6～10	36～45		160～200	24～36	83～120
合金钢	<220	15～36	55～120		200～240	15～24	72～110
	225～325	10～24	40～80		240～280	9～21	40～60
	325～425	6～9	30～60	铝镁合金	95～100	180～600	360～600

注：粗铣时，v_c 应取小值；精铣时，v_c 应取大值。采用机夹式或可转位硬质合金铣刀，可取较大值。经实际铣削后，如发现铣刀耐用度太低，则应适当减小 v_c。铣刀结构及几何角度改进后，v_c 可以超过表列值。

根据已经选定的背吃刀量、进给量及刀具耐用度选择切削速度。

可用经验公式计算，也可根据生产实践经验在机床说明书允许的切削速度范围内查表选取或者参考有关切削用量手册选用。

在选择切削速度时，还应考虑以下几点。

① 应尽量避开积屑瘤产生的区域。

② 断续切削时，为减小冲击和热应力，要适当降低切削速度。

③ 在易发生振动的情况下，切削速度应避开自激振动的临界速度。

④ 加工大件、细长件和薄壁工件时，应选用较低的切削速度。

⑤ 加工带外皮的工件时，应适当降低切削速度。

5. 主轴转速的确定

主轴转速 n 可根据切削速度和刀具直径按下式计算：

$$n = \frac{1000v_c}{\pi D} \qquad\qquad (4\text{-}2)$$

式中，n 为主轴转速，r/min；v_c 为切削速度，m/min；D 为刀具直径，mm。

4.3.6　典型零件数控铣削工艺分析

如图 4-33 所示为槽形凸轮零件，在铣削加工前，该零件是一个经过加工的圆盘，圆盘直径为 $\phi280$mm，带有两个基准孔 $\phi35$mm 及 $\phi12$mm。$\phi35$mm 及 $\phi12$mm 两个定位孔，X 面已在前面加工完毕，本道工序是在铣床上加工槽。该零件的材料为 HT200，试分析其数控铣削加工工艺。

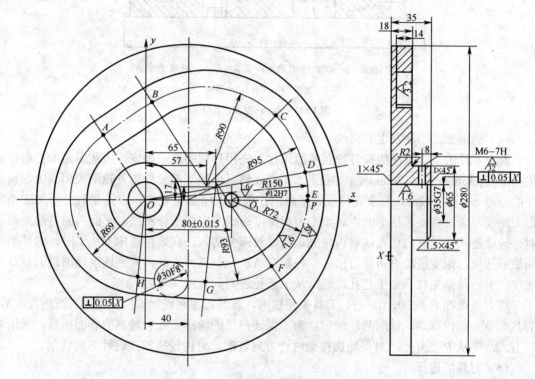

图 4-33　槽型凸轮零件

（1）零件样图工艺分析

该零件凸轮轮廓由圆弧 *HA*、*BC*、*DE*、*FG* 和直线 *AB*、*HG* 以及过渡圆弧 *CD*、*EF* 所组成。组成轮廓的各几何元素关系清楚，条件充分，所需要基点坐标容易求得。凸轮内外轮廓面对 X 面有垂直度要求。材料为铸铁，切削工艺性能较好。根据分析，采取以下工艺措施：凸轮内外轮廓面对 X 面有垂直度要求，只要提高装夹精度，使 X 面与铣刀轴线垂直，即可保证。

（2）选择设备

对平面槽形凸轮的数控铣削加工，一般采用两轴以上联动的数控铣床，因此，首先要考虑的是零件的外形尺寸和重量，使其在铣床的允许范围以内；其次，考虑数控铣床的精度是否能满足凸轮的设计要求；最后，看凸轮的最大圆弧半径是否在数控系统允许的范围之内。根据以上三条即可确定所要使用两轴以上联动的数控铣床。

（3）确定零件的定位基准和装夹方式

定位基准采用"一面两孔"定位，即用圆盘 X 面和 $\phi35$ 和 $\phi12$ 两个基准孔作为定位基准。该零件在加工前，先固定夹具的平面，使两定位销孔的中心连线与机床 X 轴平行，夹具平面要保证与工作台面平行，并用百分表检查，如图 4-34 所示。

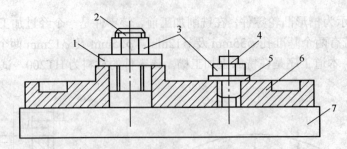

1—开口垫圈；2—带螺纹圆柱销；3—压紧螺母；4—带螺纹削边销；

5—垫圈；6—工件；7—垫块

图 4-34　凸轮加工装夹示意图

（4）确定加工顺序及走刀路线

整个零件的加工顺序的拟订按照基面先行、先粗后精的原则确定。因此应先加工用作定位基准的 $\phi35mm$ 和 $\phi12mm$ 两个定位孔、X 面，然后再加工凸轮槽内外轮廓表面。由于该零件的 $\phi35mm$ 和 $\phi12mm$ 两个定位孔、X 面已在前面工序加工完毕，在这里只分析加工槽的走刀路线，走刀路线包括平面内进给走刀和深度进给走刀两部分路线。平面内的进给走刀，对外轮廓是从切线方向切入；对内轮廓是从过渡圆弧切入。在数控铣床上加工时，对铣削平面槽形凸轮，深度进给有两种方法：一种是在 XZ（或 YZ）平面内来回铣削逐渐进刀到既定深度；另一种是先打一个工艺孔，然后从工艺孔进刀到既定深度。

进刀点选在 P（150，0）点，刀具来回铣削，逐渐加深到铣削深度，当达到既定深度后，刀具在 XY 面内运动，铣削凸轮轮廓。为了保证凸轮的轮廓表面有较高的表面质量，采用顺铣方式，即从 P 点开始，对外轮廓按顺时针方向铣削，对内轮廓按逆时针方向铣削。

（5）刀具的选择

根据零件结构特点，铣削凸轮槽内、外轮廓（即凸轮槽两侧面）时，铣刀直径受槽宽限制，同时考虑铸铁属于一般材料，加工性能较好，选用 $\phi18mm$ 硬质合金立铣刀，详见表 4-4。

表 4-4　　　　　　　　　　　　槽型凸轮数控加工刀具卡

产品名称和代号		×××		零件名称	槽形凸轮	零件图号	×××
序号	刀具编号	刀具规格、名称		数量	加工表面		备注
1	T01	$\phi18mm$ 硬质合金立铣刀		1	粗铣凸轮槽内外轮廓		
2	T02	$\phi18mm$ 硬质合金立铣刀		1	精铣凸轮槽内外轮廓		
编制	×××	审核	×××	批准	×××	共　页	第　页

（6）切削用量的选择

凸轮槽内、外轮廓精加工时留 0.2mm 铣削用量，确定主轴转速与进给速度时，先查切削用量手册，确定切削速度与每齿进给量，然后按式（4-1）和式（4-2）计算主轴转速和进给速度。

（7）填写数控加工工序卡

填写后的槽形凸轮数控加工工序卡如表 4-5 所示。

表 4-5　　　　　　　　　　　　　槽形凸轮数控加工工序卡

单位名称	×××	产品名称或代号		零件名称		零件图号	
		×××		槽形凸轮		×××	
工序号	程序编号	夹具名称		使用设备		车间	
×××	×××	螺旋压板		Xk5025		数控中心	
工步编号	工 步 内 容	刀具编号	刀具规格（mm）	主轴转速（r/min）	进给速度（mm/min）	吃刀量（mm）	备注
1	来回铣削，逐渐加深铣削深度	T01	φ18	800	60		分两层铣削
2	粗铣凸轮槽内轮廓	T01	φ18	700	60		
3	粗铣凸轮槽外轮廓	T01	φ18	700	60		
4	粗铣凸轮槽内轮廓	T02	φ18	1 000	100		
5	精铣凸轮槽外轮廓	T02	φ18	1 000	100		
编制	×××	审核	×××	批准	×××	年　月　日	共 页　第 页

4.4　数控铣削加工编程要点及指令

数控铣削加工包括平面的铣削加工、二维轮廓的铣削加工、平面型腔的铣削加工、钻孔加工、镗孔加工、攻螺纹加工、箱体类零件的加工以及三维复杂型面的铣削加工，这些加工一般在数控镗铣床和镗铣加工中心上进行，其中具有复杂曲线轮廓的外形铣削、复杂型腔铣削和三维复杂型面的铣削加工必须借助 CAD/CAM 软件，进行计算机辅助数控编程，其他形状简单、几何线素构成简单的零件加工可以采用手工编程，也可以采用图形编程和计算机辅助数控编程。目前，数控铣床和加工中心的编程主要是采用计算机辅助编程。本节通过实例介绍数控铣削加工手工编程要点及常用指令。

4.4.1　数控铣床编程基础

（1）工件坐标系的确定及程序原点的设置

工件坐标系采用与机床运动坐标系一致的坐标方向，工件坐标系的原点（即程序原点）要选择便于测量或对刀的基准位置，同时要便于编程计算。

（2）安全高度的确定

对于铣削加工，起刀点和退刀点必须离开加工零件上表面一个安全高度，保证刀具在停止状态时，不与加工零件和夹具发生碰撞。在安全高度位置时刀具中心（或刀尖）所在的平面也称为安全面，如图 4-35 所示。

（3）进刀/退刀方式的确定

对于铣削加工，刀具切入工件的方式，不仅影响加工质量，同时直接关系到加工的安全。对于二维轮廓加工，一般要求从侧向进刀或沿切线方向进刀，尽量避免垂直进刀，如图 4-36 所示。退刀方式也应从侧向或切向退刀。刀具从安全面高度下降到切削高度时，应离开工件毛坯边缘一个距离，不能直接贴着加工零件理论轮廓直接下刀，以免发生危险，如图 4-37 所示。下刀运动过程不能用快速（G00）运动，而要用直线插补（G01）运动。

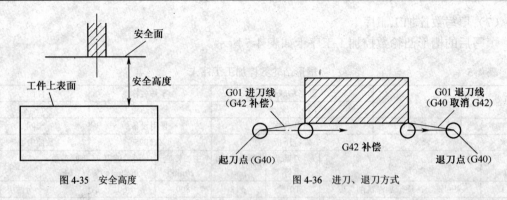

图 4-35　安全高度　　　　　　　　图 4-36　进刀、退刀方式

对于型腔的粗铣加工，一般应先钻一个工艺孔至型腔底面（留一定精加工余量），并扩孔，以便所使用的立铣刀能从工艺孔进刀，进行型腔粗加工，如图 4-38 所示。型腔粗加工方式一般采用从中心向四周扩展。

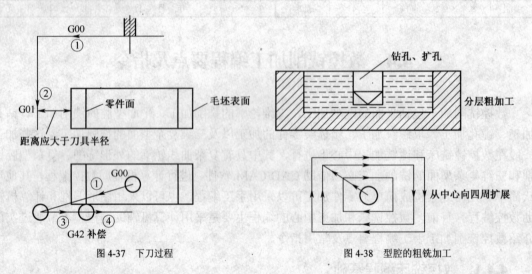

图 4-37　下刀过程　　　　　　　　　图 4-38　型腔的粗铣加工

（4）刀具半径补偿的建立

二维轮廓加工，一般均采用刀具半径补偿。在建立刀具半径补偿之前，刀具应远离零件轮廓适当的距离，且应与选定好的切入点和进刀方式协调，保证刀具半径补偿的有效，如图 4-39 所示。其中，a 为合理的方式，b 为不合理的方式。另外刀具半径补偿的建立和取消必须在直线插补段内完成。

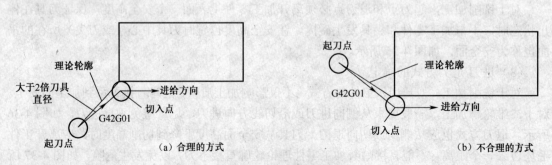

（a）合理的方式　　　　　　　　　　　（b）不合理的方式

图 4-39　建立刀具半径补偿

（5）刀具半径的确定

对于铣削加工，精加工刀具半径选择的主要依据是零件加工轮廓和所加工轮廓凹处的最小曲率半径或圆弧半径，刀具半径应小于该最小曲率半径值，如图 4-40 所示。另外还要考虑刀具尺寸与零件尺寸的协调问题，即不要用一把很大的刀具加工一个很小的零件。

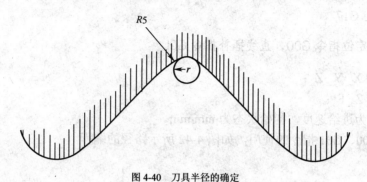

图 4-40　刀具半径的确定

4.4.2　常用基本指令

1. 坐标系相关指令

（1）工作坐标系设定指令 G92

格式：G92 X_ Y_ Z_；

例：G92 X200.0 Y200.0 Z200.0；

含义：刀具起刀点位于工作坐标系中坐标值为（X200，Y200，Z200）的点处。加工时刀具须先位于刀具起刀点处。

（2）工作坐标系的原点设置选择指令 G54～G59

如图 4-41 所示，铣凸台时用 G54 设置原点，铣槽用 G55 设置原点，编程时比较方便。工件可设置 G54～G59 共六个工作坐标系原点。工作原点数据值可预先通过 CRT/MDI 方式输入机床的偏置寄存器中，编程时不体现操作。此指令要求机床必须设有机械原点。

（3）极坐标系选择

G15：极坐标系指令取消。

G16：极坐标系指令

极坐标系极坐标平面选择用指令 G17/ G18/G19 指定。在所指定的平面内，第一轴指令用于指定矢径，第二轴指令用于指定极角。如 XY 平面，X 表示矢径指令，Y 表示极角指令。第一轴由起始位置逆时针旋转为极角正向。

矢径和极角都可以用绝对值方式 G90 或增量值方式 G91 编程。用 G90 方式编程时，当前坐标系的零点为极坐标系的中心。用 G91 方式编程时，极坐标系的中心是上一程序段中刀具的运动终点。

2. 绝对值坐标指令 G90 和增量值坐标指令 G91

① 编程时注意 G90、G91 模式间的转换。

② 使用 G90、G91 时无混合编程。

3. 平面选择指令 G17、G18、G19

平面选择指令 G17、G18、G19 分别用来指定程序段中刀具的圆弧插补平面和刀具半径补偿平面。其中，G17 指定 XY 平面；G18 指定 ZX 平面；G19 指定 YZ 平面。数控镗铣加工中心初始状态为 G17。

4. 快速点定位指令 G00，直线插补指令 G01

格式：G00 X_ Y_ Z_；

G01 X_ Y_ Z_ F_；

其中，F_ 为进给速度，初始状态为 mm/min。

例 4-1：G00、G01 指令的使用，如图 4-42 所示路径的编程。

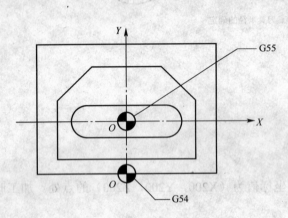

图 4-41　工件坐标系原点的设置

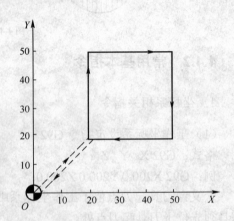

图 4-42　G00、G01 指令的使用

程序：

O0001；

G90 G54 G00 X20.0 Y20.0；

G01 Y50.0 F50；

　　X50.0；

　　Y20.0；

　　X20.0；

G00 X0 Y0；

…

…

5. 圆弧插补指令 G02、G03

格式：G17/G18/G19　G02/G03 X_ Y_ Z_ I_ J_ K_ F_

或　　　G17/G18/G19　G02/G03 X_ Y_ Z_ R_ F_

其中，X_、Y_、Z_ 为圆弧终点坐标，相对编程时是圆弧终点相对于圆弧起点的坐标，I_、J_、K_ 为圆心在 X、Y、Z 轴上相对于圆弧起点的坐标；R_ 为圆弧半径。现代 CNC 系统中，采用 I、J、K 指令，则圆弧是唯一的；用 R 指令时须规定圆弧角，如圆弧角＞180°时，R 值为负。一般圆弧角＜180°的圆弧用 R 指令，其余用 I、J、K 指令。

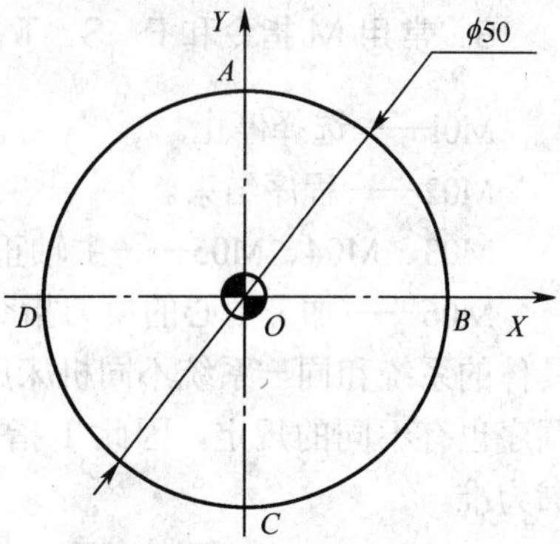

例 4-2：完成图 4-43 所示加工路径的程序编制（刀具现位于 A 点上方只进行轨迹运动）。

程序：

O0002；

G90 G54 G00 X0 Y25.0 F100；

G02 X25.0 Y0 I0 J-25.0；　　　A-B

G02 X0 Y-25.0 I-25.0 J0；　　B-C

G02 X-25.0 Y0 I0 J25.0；　　　C-D

G02 X0 Y25.0 I25.0 J0；　　　D-A

或：

G90 C54 G00 X0 Y25.0 F100；

G02 X0 Y25.0 I0 J-25.0；　　　A-A 整圆

图 4-43　整圆编程

6. 自动返回参考点指令 G28、返回指令 G29

格式：G91（或 G90）G28X_ Y_ Z_

表示刀具经过以工作坐标系为参考的坐标点 X_Y_Z_返回参考点。

从参考点返回指令 G29

指令格式为：G29 X_Y_Z_

这条指令一般紧跟在 G28 指令的后面，指令中的坐标值 X_Y_Z_是执行 G29 指令后，刀具到达的目标点。G29 的动作顺序是刀具先从参考点快速移动到前面 G28 所指定的中间点，再移动到 G29 指令的位置定位。例如：

① G91 G28 Z0;　　　　　　　表示刀具从当前点返回 Z 向参考点

② G91 G28 X0 Y0 Z0;　　　　表示刀具从当前点返回参考点

③ G90 G28 X_ Y_ Z_;　　　　表示刀具经过以工作坐标系为参考的坐标点 X_Y_Z_返回参考点

④ G90 G29 X_ Y_ Z_;　　　　表示刀具经过前面 G28 所指定的中间点，以工作坐标系为参考的坐标点 X_Y_Z_

7. 暂停指令 G04

格式：G04X_

或　　G04P_

如：

　　G04 X 5.0…；　　　　　　暂停 5s

　　G04P P5000…；　　　　　暂停 5s

8. 常用 M 指令和 F、S、T 指令

M01——选择停止。

M02——程序结束。

M03、M04、M05——主轴正转、反转、停止。

M06——加工中心的换刀指令，格式 T××M06，在 FANUC 系统中，表示换××号刀。具体的系统和同一系统不同机床厂家对选刀指令 T×× 会有不同的规定，选刀和换刀动作的顺序也有不同的规定，因此 T 指令和 M06 的协调应用要特别注意，具体选择要以机床说明书为准。

M08、M09——切削液开、关。

M30——程序结束并返回起点。

M98——子程序调用。

M99——子程序结束。

F、S、T 指令和数控车床相同。

4.4.3 刀具半径补偿

铣削加工中，不同的刀具，其半径长度是不同的。刀具零点是数控镗铣类机床主轴装刀锥孔端面与轴线的交点，是刀具半径、长度的零点。编程时为了编程方便，按工件轮廓轨迹编制程序。执行程序时的走刀轨迹实际上是刀具零点的轨迹，因此使用不同的刀具时，需进行刀具半径及长度的补偿。

1. 不同平面内的刀具半径补偿

刀具半径补偿用 G17、G18、G19 指令在被选择的工作平面内进行补偿。比如当 G17 命令执行后，刀具半径补偿仅影响 X、Y 轴移动，而对 Z 轴不起补偿作用。

2. 刀具半径左补偿 G41、刀具半径右补偿 G42 指令

G41、G42 指令的判定同数控车床一样，如图 4-44 所示。

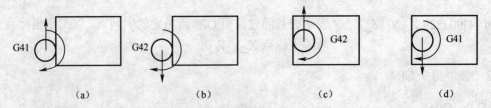

（a）　　　　　（b）　　　　　（c）　　　　　（d）

注：主轴顺时针转时，G41 为顺铣，G42 为逆铣。数控铣床上常用顺铣。

图 4-44　G41、G42 的判定

例 4-3：在 G17 选择的平面（XY 平面）内，使用刀具半径补偿完成轮廓加工编程，如图 4-45 所示（末加长度刀补）。

程序：

O0003;

N10	T1　M06;	调用 T1 号平刀
N20	G90 G54 G00 X0 Y0 M03 S500 F50	
N30	G00 Z50.0;	起始高度　（仅用一把刀具可不加刀长补偿）
N40	Z10.0;	安全高度
N50	G41 X20.0 Y10.0 D1;	刀具半径补偿，D01 为刀具半径补偿号
N60	G01 Z-10.0;	下刀，切深 10mm
N70	Y50.0;	
N80	X50.0;	
N90	Y20.0;	
N100	X10.0;	
N110	G00 Z50.0;	抬刀到起始高度
N120	G40 G01 X0 Y0 M05;	取消刀具半径补偿
N130	M30;	

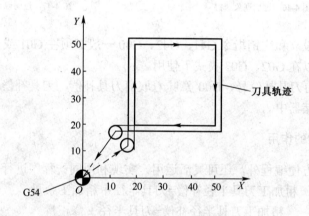

图 4-45　半径补偿刀具轨迹图

3. 刀具半径补偿过程

在例 4-3 中，当 G41 被指定时，包含 G41 句子的下面两句被预读（N60、N70）。N50 指令执行完成后，机床的坐标位置由以下方法确定：将含有以 G41 句子的坐标点与下面两句子中最近的，在选定平面内有坐标移动语句的坐标点相连，其连线垂直方向为偏置方向。G41 为左偏（沿着刀具运动方向的左侧），G42 右偏（沿着刀具运动方向的右侧），偏置大小为指定的偏置存储号（D01）地址中的数值。在这里 N50 坐标点与 N70 坐标点运动方向垂直于 X 轴，所以刀具中心的位置应在（X20，Y10）左面刀具半径处。

注意：上例中，由于系统只能预读后面两句，在 G41 或 G42 语句后两句中，必须有指定平面内坐标的移动。如果假定 N60 后，加上 N65 Z5.0 一句，连续两句都是 Z 轴移动，则刀具运动轨迹得不到及时的补偿，就会出现过切削现象。

4. 使用刀具半径补偿注意事项

（1）使用刀具半径补偿时应避免过切削现象，如图 4-46 所示。

① 启用刀具半径补偿和取消刀具半径补偿时，刀具必须在所补偿的平面内移动，动距离应大于刀具补偿值。

② 加工半径小于刀具半径的内圆弧时，进行半径补偿将产生过切削只有过渡圆角尺寸＞刀具半径 r ＋精加工余量的情况下才能正常切削。

③ 被铣削槽底宽小于刀具直径时将产生过切削，如图 4-47 所示。

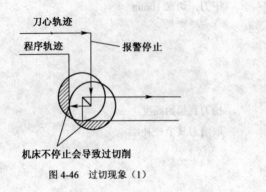
图 4-46 过切现象（1）

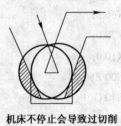
图 4-47 过切现象（2）

（2）刀具补偿的设立和注销指令 G41、G42、G40 一般必须在 G01 或 G00 模式下使用，现在有一些系统也可以在 G02、G03 模式下使用。

（3）D00～D99 为刀具补偿号，D00 意味着取消刀具补偿。刀具补偿值在加工或试运行之前须设定在补偿存储器中。

5．刀具半径补偿的作用

刀具半径补偿除方便编程外，还可灵活运用，实现利用同一程序进行粗、精加工。即：
$$粗加工刀具半径补偿＝刀具半径＋精加工余量$$
$$精加工刀具半径补偿＝刀具半径＋修正量$$
刀具半径补偿如图 4-48 所示。

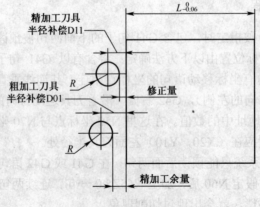
图 4-48 刀具半径补偿

例 4-4： 如图 4-48 所示，刀具为 $\phi20$ 立铣刀，现零件粗加工后给精加工留余量单边 1.0mm，则粗加工刀具半径补偿 D01 的值为：

$$R_{补} = Rd + 1.0 = 10.0 + 1.0 = 11.0\text{mm}$$

粗加工后实测 L 尺寸为 $L+1.98$，则精加工刀具半径补偿 D11 值应为：

$$R_{补} = 11.0 - (1.98 + 0.03)/2 = 9.995\text{mm}$$

则加工后工件实际 L 值为 $L-0.03$。

4.4.4　刀具长度补偿

刀具长度补偿原理如图 4-49 所示。设定工作坐标系时，让主轴锥孔基准面与工件上的理论表面重合，在使用每一把刀具时可以让机床按刀具长度升高一段距离，使刀尖正好在工件表面上，这段高度就是刀具长度补偿值，其值可在刀具预调仪或自动测长装置上测出。实现这种功能的 G 代码是 G43、G44 和 G49。G43 是把刀具向上移，G44 是使刀具向下移动。图 4-49 中钻头用 G43 命令正向补偿了 H01 值，铣刀用 G43 命令向上正向补偿了 H02 值。

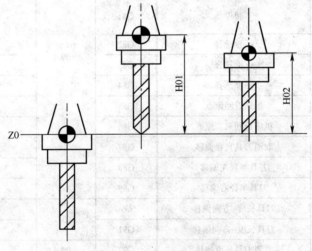

图 4-49　刀具长度补偿原理

刀具长度补偿命令的格式如下，如图 4-50 所示。

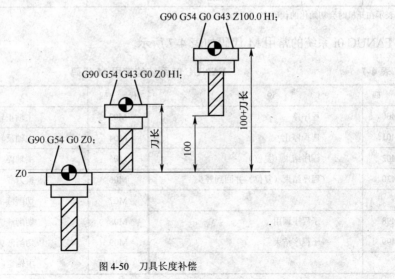

图 4-50　刀具长度补偿

G43/G44 G0/G01Z_H_;

G49 取消 G43 和 G44。

4.4.5 常用指令列表

FANUC 0i 系统的常用 G 代码如表 4-6 所示。

表 4-6   **FANUC 0i 系统的常用 G 代码**

G 代码	组别	解　释	G 代码	组别	解　释
*G00		定位（快速移动）	G73		高速深孔钻循环
G01	01	直线进给	G74		左螺旋切削循环
G02		顺时针切圆弧	G76		精镗孔循环
G03		逆时针切圆弧	*G80		取消固定循环
G04	00 非模态	暂停	G81		中心钻循环
*G17		xy 面选择	G82		反镗孔循环
G18	02	xz 面选择	G83	09	深孔钻削循环
G19		yz 面选择	G84		右螺旋切削循环
G28	00	机床返回原点	G85		镗孔循环
G30		机床返回第二原点	G86		镗孔循环
*G40		取消刀具直径偏移	G87		反向镗孔循环
G41	07	刀具半径左偏移	G88		镗孔循环
G42		刀具半径右偏移	G89		镗孔循环
*G43		刀具长度+方向偏移	*G90	03	使用绝对值命令
*G44	08	刀具长度-方向偏移	G91		使用绝对值命令
*G49		取消刀具长度偏移	G92	00	设置工作坐标系
*G94	05	每分进给	G98	10	固定循环返回起始点
G95		每转进给	*G99		返回固定循环 R 点

*表示在开机时会初始化的代码。

FANUC 0i 系统的常用 M 代码如表 4-7 所示。

表 4-7   **FANUC 0i 系统的常用 M 代码**

代　码	说　明	代　码	说　明
M00	程序停	M03	主轴正转（CW）
M01	选择停止	M04	主轴反转（CCW）
M02	程序结束（复位）	M05	主轴停
M30	程序结束（复位）并回到开头	M06	换刀
		M07	切削液 1 开
M98	子程序调用	M08	切削液 2 开
M99	子程序结束	M09	切削液关
		M19	主轴定向停止

4.5　铣削加工简化编程指令

如本章第一节所述，平面类零件是指零件的各个加工单元面均是平面，或可以展开为平面。这类零件的数控铣削相对比较简单，一般只用数控铣床的两坐标联动就可以加工出来。例如一般的凸轮类零件都属于此类工件。目前数控铣床加工手工编程的多数零件属于平面类零件。

本节以 FANUC 系统为平台，进一步通过实例介绍数控铣削加工简化编程常用指令。

4.5.1　子程序

1. 子程序的调用指令

子程序的调用指令的具体格式各系统各不相同。FAUNC 系统的子程序调用指令格式为：

M98××××L××××

其中，M98 为调用子程序指令字。地址 P 后面的 4 位数字为子程序号。地址 L 后面的数字为重复调用的次数，系统允许重复调用次数为 9999 次。如果只调用一次，此项可省略不写。

例如，M98P1006L4，表示 1006 号子程序重复调用 4 次。子程序调用指令可以与移动指令放在一个程序段中。

2. 子程序的应用

① 零件上有若干处具有相同的轮廓形状。在这种情况下，只编写一个轮廓形状的子程序，然后用一个主程序来调用该子程序。

② 加工中反复出现具有相同轨迹的走刀路线。被加工的零件从外形看并无相同的轮廓，但需要刀具在某一区域分层或分行反复走刀，走刀轨迹总是出现某一特定的形状，采用子程序就比较方便，此时，通常以增量方式编程。

③ 程序中的内容具有相对独立性。

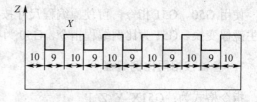

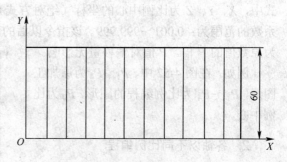

图 4-51　子程序编程

3. 编程举例

例 4-5：零件如图 4-51 所示，用 $\phi 8$ 键槽铣刀加工 10mm 深的槽，每次 Z 轴下刀 2.5mm，试利用子程序编写程序。

O100;	主程序号
N0010 G92 X0 Y0 Z20.0;	建立工件坐标系
N0020 M03 S800;	主轴开启
N0030 G90 G00 X-4.0 Y-10.0M08;	快速定位，冷却液开

N0040 Z0;	主轴下移
N0050 M98 P110 L4;	调用子程序 110 号四次
N0060 G90 G00 Z20.0 M05;	主轴抬刀, 主轴关闭
N0070 X0 Y0 M09;	回到坐标原点, 冷却液关闭
N0080 M30;	程序结束
O110;	子程序号
G91 G00 Z2.5;	下刀 2.5mm
M98 P120 L4;	调用子程序 120 号四次
G00 X-76.0;	X 向返回;
M99;	子程序结束
O120;	子程序号
G91 G00 X18.0;	X 向前进 18mm
G01 Y76.0 F100;	沿 Y 轴切削 76mm
G01 X1.0;	沿 X 向前进 1mm
G01 Y-76.0;	沿 Y 轴反向切削 76mm
M99;	子程序结束

4.5.2 图形比例缩放功能指令 G50、G51

使用 G50、G51 指令, 可使原编程尺寸按指定比例缩小或放大; 也可让图形按指定规律产生镜像变换。G51 为比例编程指令, G50 为撤销比例编程指令。G50、G51 均为模态代码。

1. 各轴按相同比例编程

指令格式为: G51X_Y_Z_P_
式中, X、Y、Z 为比例中心的坐标 (绝对方式), P 为比例系数, 最小输入量为 0.001, 比例系数的范围为: 0.001～999.999。该指令以后的移动指令, 均从比例中心点开始, 实际移动量为原数值的 P 倍。P 值对偏移量无影响。

例如, 在图 4-52 中, $P_1 \sim P_4$ 为原加工图形, $P_1' \sim P_4'$ 为比例编程的图形, P_0 为比例中心。

2. 各轴以不同比例编程

各个轴可以按不同比例来缩小或放大, 当给定的比例系数为 -1 时, 可获得镜像加工功能。指令格式为:

G51 X_Y_Z_I_J_K_

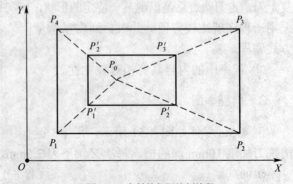

图 4-52 各轴按相同比例编程

式中, X、Y、Z 为比例中心的坐标; I、J、K 则分别对应 X、Y、Z 轴的比例系数, 其范围为 ±0.001～±9.999。本系统在设定 I、J、K 时不能带小数点, 比例为 1 时, 输入 1000 即可。

并且 I、J、K 都要输入，不能省略。比例系数与图形的关系如图 4-53 所示。其中，b/a：X 轴系数；d/c：Y 轴系数；O：比例中心。

3. 镜像功能

例 4-6：图 4-54 所示，为镜像功能的应用实例。其中比例系数取为 +1000 或 −1000，设刀具起始点在 O 点，参考程序如下：

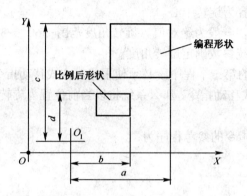

b/a：X 轴系数；d/c：Y 轴系数；O 比例中心

图 4-53　各轴按不同比例编程

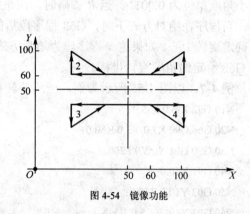

图 4-54　镜像功能

主程序：

O100；

N10 G92X0Y0；

N20 G90；

N30 M98P9000；

N40 G51X50.0Y50.0I-1000J1000；

N50 M98P9000；

N60 G51X50.0Y50.0I-1000J-1000；

N70 M98P9000；

N80 G51X50.0Y50.0I1000J-1000；

N90 M98P9000；

N100 G50；

N110 M30

子程序：

O9000；

N10 G00X60.0Y60.0；

N20 G01X100.0Y60.0F100；

N30 G01X100.0Y100.0；

N40 G01X60.0Y60.0；

N50 M99

4.5.3　坐标系旋转指令 G68、G69

该指令可使编程图形按指定旋转中心及旋转方向旋转一定的角度。G68 表示开始坐标旋转，G69 用于撤销旋转功能。编程格式为：

G68 X_Y_R_

式中，X、Y 为旋转中心的坐标值（坐标值可以是 X、Y、Z 中的任意两个，由平面选择指令确定）。当 X、Y 省略时，G68 指令以当前位置为旋转中心。

R 为旋转角度，逆时针旋转定义为正向，一般为绝对值。旋转角度范围−360°～360°，最小角度单位为 0.001°。当 R 省略时，按系统参数确定旋转角度。

当程序在绝对方式下时，G68 程序段后的第一个程序段必须使用绝对方式移动指令，才能确定旋转中心。如果这一程序段为增量方式移动指令，那么系统将以当前位置为旋转中心，按 G68 给定的角度旋转坐标。

例 4-7： 以图 4-55 所示为例，应用旋转指令的参考程序为：

N10 G92 X-5.0 Y-5.0；

N20 G68 G90 X7.0 Y3.0 R60.0；

N30 G90 G01 X0 Y0 F200；

N40 G91 X10.0；

N50 G02 Y10.0 R10.0；

N60 G03 X-10.0 I-5.0 J-5.0；

N70 G01 Y10.0；

N80 G69 G90 X-5.0 Y-5.0；

N90 M02

坐标系旋转功能与其他功能的旋转平面一定要包含在刀具半径补偿平面内。

例 4-8： 应用坐标系旋转指令编写图 4-56 所示的零件轮廓的加工程序，要求采用刀具半径补偿功能。

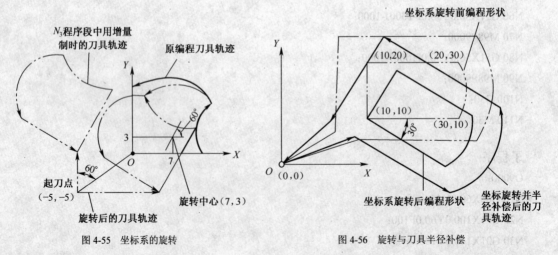

图 4-55　坐标系的旋转　　　　　　图 4-56　旋转与刀具半径补偿

N10 G92 X0 Y0；

N20 G68 R30.0；

N30 G42 G90 X10.0 Y10.0 F100 D01；

N40 G91 X20.0；

N50 G03 Y10 I-10.0 J5.0；

N60 G01 X20.0；

N70 Y-10.0；

N80 G40 G90 X0 Y0；

N90 M02

当选用半径为 R5 的立铣刀时，设置刀具半径补偿偏置号 H01 的数值为 5。

在比例模式时，再执行坐标旋转指令，旋转中心坐标也执行比例操作，但旋转角度不受影响，这时各指令的排列顺序如下：

G51…；

G68…；

G41/G42…；

G40…；

G69…；

G50…；

4.6　孔加工循环指令

孔加工是最常用的加工工序，现代 CNC 系统一般都具备钻孔、镗孔和螺纹加工循环编程功能。

4.6.1　孔加工循环的动作分析

如图 4-57 所示，孔加工一般都包含以下 6 个动作。

① $A{\rightarrow}B$ 为刀具快速定位到孔位坐标（X,Y），B 即为循环起点，Z 向进至起始高度。

② $B{\rightarrow}R$ 为刀具沿 Z 轴方向快进至安全平面（即 R 点平面）。

③ $R{\rightarrow}E$ 为孔加工过程（如钻孔、镗孔、攻螺纹等），此时进给为工作进给速度。

④ E 点为孔底动作（如进给暂停、刀具偏移、主轴准停、主轴反转等）。

⑤ $E{\rightarrow}R$ 为刀具快速返回 R 点平面。

⑥ $R{\rightarrow}B$ 为刀具快退至起始高度（B 点高度）。

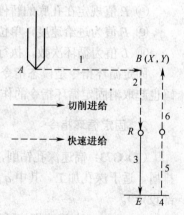

图 4-57　加工动作分析

4.6.2　固定循环指令

1. 固定循环指令格式

G90(G91)G98(G99)G××X_Y_Z_R_Q_P_F_L_

（1）G90、G91 分别为绝对值指令、增量值指令。

（2）G98 和 G99 两个模态指令控制孔加工循环结束后，刀具返回平面，如图 4-58 所示。

① G98：刀具返回平面为起始平面（B 点平面），为缺省方式，如图 4-58（a）所示。

② G99：刀具返回平面为安全平面（R 点平面），如图 4-58（b）所示。

③ G×× 为孔加工方式，对应于具体的固定循环指令。

④ X、Y 值为孔位置数据，刀具以快进的方式到达（X，Y）点。

⑤ Z 值为孔深，如图 4-59 所示。G90 方式，Z 值为孔底的绝对值；G91 方式，Z 值是 R 点平面到孔底的距离。

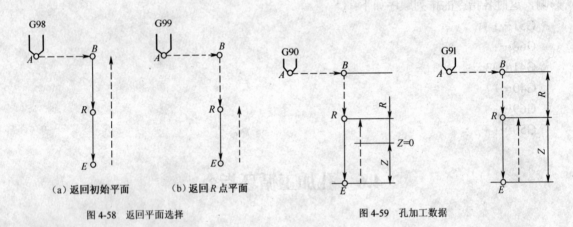

图 4-58　返回平面选择　　　　　　　图 4-59　孔加工数据

⑥ R 值用来确定安全平面（R 点平面），如图 4-59 所示。R 点平面高于工件表面。G90 方式，R 值为绝对值；G91 方式，R 值为从起始平面（B 点平面）到 R 点平面的增量。

⑦ Q 值在 G73 或 G63 方式下，规定分步切深；在 G76 或 G87 方式中规定刀具退让值。

⑧ P 值规定在孔底的暂停时间，单位为 ms，用整数表示。

⑨ F 值为进给速度，单位为 mm/min。

⑩ L 值为循环次数，执行一次可不写。如果是 L0，则按系统存储加工数据执行加工。

固定循环指令是模态指令，可用 G80 取消循环。此外 G00、G01、G02、G03 等同组代码也起取消固定循环指令的作用。

2. 固定循环指令

（1）G73：高速深孔钻削，如图 4-60 所示。G73 指令是在钻孔时间断进给，有利于断屑、排屑，适于深孔加工。其中 q 为分步切深，最后一次进给深度＜q，退刀距离为 d（由系统内部设定）。

（2）G74：左旋攻螺纹循环，如图 4-61 所示。主轴在 R 点反切至 E 点，正转退刀。

（3）G76：精镗循环指令。如图 4-62 所示。执行 G76 指令精镗至孔底后，有三个孔底动作：进给暂停（P）、主轴准停即定向停止（OSS）、刀具偏移 q 距离，然后刀具退出，这样可使刀尖不划伤精镗表面。

（4）G81：钻孔循环指令。用于一般孔钻削，如图 4-63 所示。

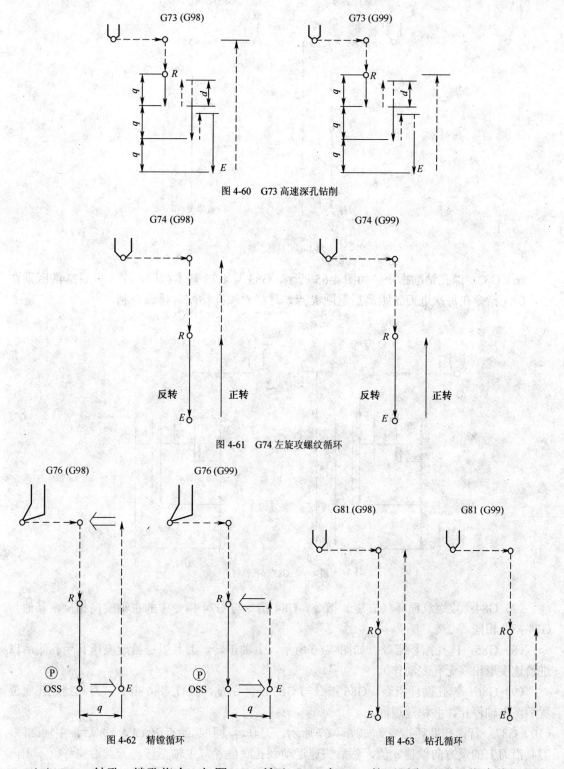

图 4-60　G73 高速深孔钻削

图 4-61　G74 左旋攻螺纹循环

图 4-62　精镗循环

图 4-63　钻孔循环

（5）G82：钻孔、镗孔指令。如图 4-64 所示，G82 与 G81 的区别在于 G82 指令使刀具在孔底暂停，暂停时间用 P 来指定。

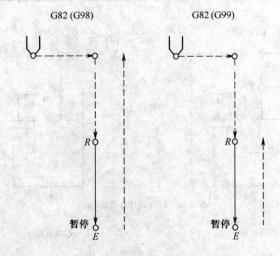

图 4-64　钻孔、镗孔

（6）G83：深孔钻削指令。如图 4-65 所示，G83 与 G73 基本相同，G83 与 G73 的区别在于，G83 指令在每次进刀 q 距离后返回 R 点，这样对深孔钻削时排屑有利。

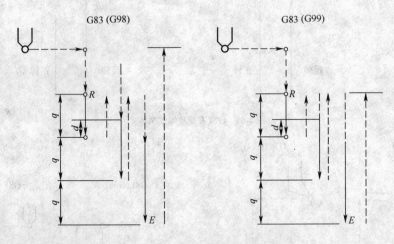

图 4-65　G83 深孔钻削

（7）G84：攻螺纹循环（右旋）指令。G84 指令与 G74 指令中的主轴旋向相反，其他与 G74 指令相同。

（8）G85：镗孔循环指令。如图 4-66 所示，主轴正转，刀具以进给速度镗孔至孔底后以进给速度退出（无孔底动作）。

（9）G86：镗孔循环指令。G86 指令与 G85 的区别是，执行 G86 指令，刀具到达孔底位置后，主轴停止，并快速退回。

（10）G87：背镗孔循环指令。如图 4-67 所示，刀具运动到起始点 B（X，Y）后，主轴准停，刀具沿刀尖的反方向偏移 q 值，然后快速运动到孔底位置，主轴正转，刀具沿偏移值 q 正向返回，刀具向上进给运动至 R 点，再主轴准停，刀具沿刀尖的反方向偏移 q 值，快退，接着沿刀尖正方向偏移到 B 点，主轴正转，本加工循环结束，继续执行下一段程序。

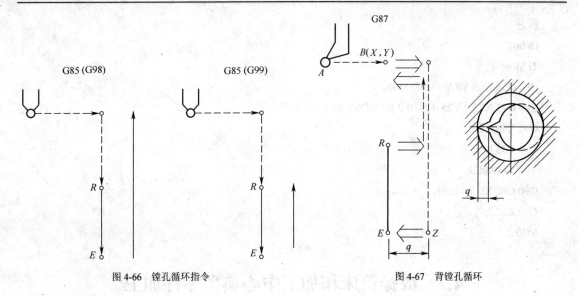

图 4-66　镗孔循环指令　　　　　　　　　　图 4-67　背镗孔循环

3. 固定循环加工实例

上述指令中，最常用指令及格式如下。

一般格式：

G90(G91)G98(G99)G××X_Y_Z_R_Q_P_F_L_；

钻孔：

G73 X_Y_Z_R_Q_F_L_；

G81 X_Y_Z_R_F_L_；

G83 X_Y_Z_R_Q_P_F_L_；

镗孔：

G76 X_Y_Z_R_Q_P_F_L_；

攻螺纹：

G84 X_Y_Z_R_Q_P_F_L_；

例 4-9：使用 G73（高速钻孔循环），完成如图 4-68 所示孔的加工，编写其程序。

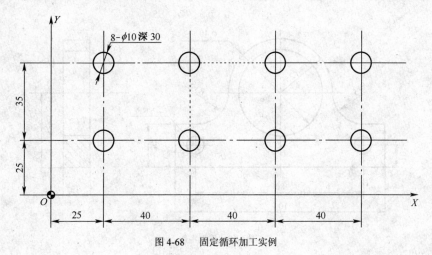

图 4-68　固定循环加工实例

程序：

O0001;

Tl M06;

G90 G54 G00 X0 Y0 S600 M03;

G99 G73 X25.0 Y25.0 Z-30.0 R3.0 Q6.0 F50;

G91 X40.0 L3;

    Y35.0;

    X-40.0L3;

G90 G80 X0 Y0 M05;

G00 Z50.0;

M30

4.7　数控铣床和加工中心典型零件加工

前面我们已经学习了数控铣床和加工中心的基本编程指令。但光掌握指令还不够，必须把指令与合理的工序相结合，才能真正地加工出合格的零件。本节通过几个具体的实例，在工艺分析的基础上，进一步实践综合运用这些指令。

数控加工编程时，首先要对零件进行工艺分析，制定合理的工艺过程，主要步骤如下：

零件图纸工艺分析→确定装夹方案→确定工序方案→确定工步顺序→确定进给路线→确定所用刀具→确定切削参数→填写工艺文件。

数控铣床和加工中心一般情况下，除数控铣床无自动换刀功能外，其余基本相同。因此其程序最显著的区别就是在换刀指令上。

实例1．盖板零件的数控加工

本实例加工对象为某盖板零件，如图4-69所示。预加工盖板外轮廓，毛坯材料为铝板，尺寸如图4-69所示。

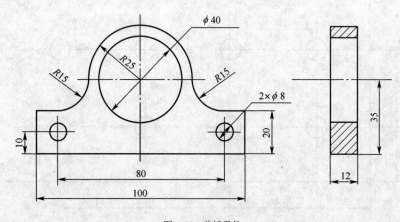

图 4-69　盖板零件

1. 工艺分析

（1）分析盖板零件图（见图 4-70）可知，$\phi 40$mm 的孔是设计基准，因此考虑以 $\phi 40$mm 的孔和 Q 面找正定位，夹紧力加在 P 面上（注：毛坯件上 $\phi 40$mm 和 $2 \times \phi 8$mm 的孔已加工完毕）。

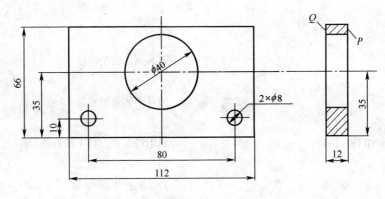

图 4-70　盖板毛坯

（2）根据毛坯板料较薄，尺寸精度要求不高等特点，拟采用粗、精两刀完成零件的轮廓加工。粗加工直接在毛坯件上按照计算出的基点走刀，并利用数控系统的刀具半径补偿功能将精加工余量留出。加工余量 0.2mm。

（3）由于毛坯材料为铝板，不宜采用硬质合金刀具，选择 $\phi 12$mm 普通高速钢立铣刀进行加工。为了避免停车换刀，考虑粗、精加工采用同一把刀具。

（4）安全面高度为 10mm。

2. 基点坐标计算

如图 4-71 所示，零件轮廓线由三段圆弧和五段直线连接而成。由图 4-71 可见，基点坐标计算比较简单。选择 A 为原点，建立工件坐标系，并在此坐标系内计算各基点的坐标。

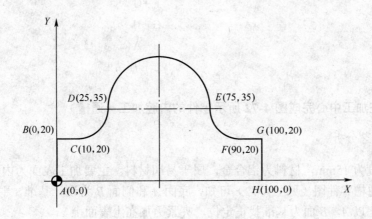

图 4-71　基点坐标计算

3. 加工路线的确定

为了得到比较光滑的零件轮廓，同时使编程简单，考虑粗加工和精加工均采用顺铣方法规划走刀路线，即按 $A \to B \to C \to D \to E \to F \to G \to H \to A$ 切削。

4. 数控程序的编制

O0014	
G92 X0 Y0 Z0;	
G00 Z10.0;	刀具到达安全高度
S1000 M03;	
G00 X-10.0;	刀具到达初始点
Z-12.0;	下刀
G41 G01 X0 Y0 D01 F100;	调用粗加工刀具半径补偿
M98 P1002;	调用子程序粗加工
G40 G00X-10.0;	刀具回初始点
G41 G01 X0 Y0 D02 F80;	调用精加工刀具半径补偿
M98 P1002;	调用子程序精加工
G40 G00X-10.0;	刀具回初始点
G00 Z10.0;	刀具返回安全高度
M05;	
M30;	
O1002	
G01 Y20.0;	A→B
X10.0;	B→C
G03 X25.0 Y35.0 R15.0;	C→D
G02 X75.0 Y35.0 R25.0;	D→E
G03 X90.0 Y20.0 R15.0;	E→F
G01 X100.0;	F→G
Y0;	G→H
X0;	H→A
M99	子程序结束

实例 2. 在加工中心完成图 4-72 所示零件的内腔加工（通槽）

1. 零件工艺分析

本零件厚度为 15mm，材料为铝合金，属于易切材料。主要加工表面为内槽。

（1）分析通槽零件图（见图 4-72）可知，底面 A 和侧面 B 为设计基准，主要加工表面为内槽，因此考虑以 A，B 面为基准找正定位，夹紧加在上表面上。

（2）根据毛坯板料为易加工材料，尺寸精度要求不高，内槽表面质量要求较高等特点，

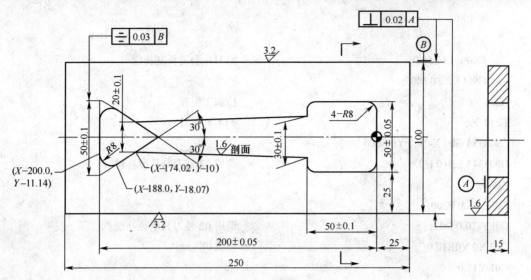

图 4-72　通槽零件

拟采用粗、精两刀完成零件的轮廓加工，先粗铣出大概轮廓，然后再按轮廓加工出准确尺寸，即一次粗加工和一次精加工。粗加工直接在毛坯件上按照槽内空间计算出的节点编程走刀。精加工直接按照轮廓尺寸编程。

（3）由于毛坯材料为铝合金板，选择 ϕ18mm 和 ϕ14mm 普通高速钢立铣刀进行加工。为了便于下刀，上加工中心前，先在（-19,0）处用 ϕ12 高速钢钻头预钻通孔。

（4）安全面高度为 10mm。

如果表面粗糙度不能保证时，可以考虑改变工艺流程，设置粗加工、半精加工和精加工三个工序完成。

2. 参考程序

O0001

N1;   粗铣程序，去除型腔余量

T1 M06; ϕ18 平底立铣刀

G90 G54 G00 X-19.0 Y0 S500 M03;

G00 G43 Z50.0 H0l;   调用 01 号刀具长度补偿

　Z10.0;

G01Z-16.0F50;   下刀

　X-40.0;

　Y15.0;

　X-10.0;

　Y-15.0;

　X-40.0;

　Y0;

　X-190.0;

　Y10.0;

－145－

```
        Y-10.0;
        Y0;
        G00 G49 Z50.0;                          抬刀并取消长度补偿
        G91 G28 Z0 M05;
    N2;                                         精加工型腔
    T2 M 06;                                    φ14 平底刀
    G90 G54 G00 X-10.0 Y0 S600 M03;
    G00 G43 Z50.0 H02;                          调用 02 号刀具长度补偿
    Z10.0;
    G01 Z-16.0 F200;
    G41 Y-10.0 D02;                             调用 02 号刀具半径补偿
    G03 X0 Y0R10.0;                             圆弧切入
    G01 Y17.0;
    G03 X-8.0 Y25.0 R8.0;
    G01 X-42.0;
    G03 X-50.0 Y17.0 R8.0;
    G01 Y-17.0;
    G03 X-42.0Y-25.0 R8.0;
    G01 X-8.0;
    G03 X0Y-17.0 R8.0;
    G01 Y0;
    G03-10.0 Y10.0 R10.0;
    G03 X-50.0 Y15.0 R40.0;
    G01-174.02 Y10.0;
        X-188.0 Y18.07;
    G03X-200.0 Y11.14R8.0;
    G01 Y-11.14;
    G03 X-188.0Y-18.07;
    G01 X-174.02Y-10.0;
        X-50.0Y-15.0;
    G03 X-10.0 Y-10.0 R40.0;
    G01 G40 Y0;
    G00 G49 Z50.0;
    G91 G28 Z0 M05;
    M30
```

实例 3. 在加工中心上完成图 4-73 所示零件的加工（凸台、槽和孔的加工）

1. 零件工艺分析

本零件厚度为 40mm，材料为铝合金，属于易切材料。毛坯为 80mm×80mm 方料。

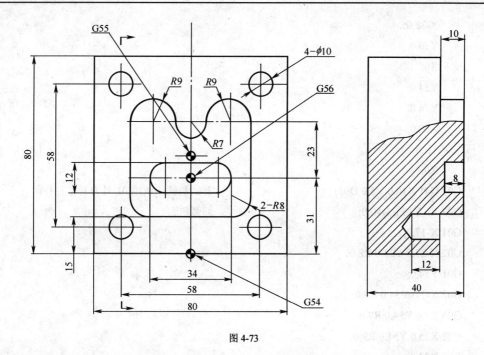

图 4-73

（1）分析通槽零件图（见图 4-73）可知，底面和上表面槽中心为设计基准，为编程方便，如图所示，分别建立了 G54、G55 和 G56 三个工件坐标系。主要加工表面为内槽、凸台四周和孔。考虑以侧面为定位基准，用平口钳夹紧。注意合理选择夹持高度。

（2）根据毛坯板料为易加工材料，尺寸精度要求不高等特点，先粗铣凸台四周大概轮廓，然后再加工出凸台准确尺寸，即一次粗加工和一次精加工。然后加工四个孔，先钻后铰。最后完成封闭槽加工。

（3）由于毛坯材料为铝合金板，选择 $\phi14$mm 高速钢平铣刀粗铣凸台。用 $\phi9.7$mm 钻头钻孔，用 $\phi10$mm 铰刀铰孔。用 $\phi10$mm 键槽铣刀铣封闭槽。

（4）安全面高度为 10mm。

如果凸台和内槽表面粗糙度不能保证时，考虑改变工艺流程，设置粗加工、半精加工和精加工工序完成。通过合理设置刀具半径补偿，上一道工序为下一道工序留出合理的加工余量。

2．参考程序

O002	
N1	粗铣凸台
T1 M06;	$\phi14$mm 平铣刀
G00 G90 G54 X0 Y-10.0;	调用 G54 坐标系
G43 H1 Z50.0 M08;	调用 1 号刀具长度补偿
Z10.0;	
G01 Z-10.0F50;	下刀
Y2.0;	

X-38.0;	
Y76.0;	
X0;	
Y54.0;	
Y76.0;	
X38.0;	
Y2.0;	
X0;	
G01 G41 X10.0 Y5.0 D01;	开始精铣，调用 01 号刀具半径补偿
G03 X0 Y15.0 R10.0;	圆弧进刀
G01 X-17.0;	
G02 X-25.0 Y23.0 R8.0;	
G01 Y54.0;	
G02 X-7.0 Y54.0 R9.0;	
G03 X7.0 Y54.0 R7.0;	
G02 X25.0 Y54.0 R9.0;	
G01 Y23.0;	
G02 X17.0 Y15.0 R8.0;	
G01 X0;	
G03 X-10.0 Y5.0 R10.0;	
G01 G40 X0;	
G00 G49 Z50.0;	
M05;	
G91 G28 Z0 M09;	
G28 X0 Y0;	
N2	孔加工
T2 M06;	换 ϕ9.7mm 钻头
G90 G55 G00 X-29.0 Y29.0 S500 M03;	调用 G55 坐标系
G43 H2 Z10.0 M08;	调用 2 号刀具长度补偿
G99 G81 Z-24.0 R10.0 F10;	钻孔循环
Y-29.0;	
X29.0;	
Y29.0;	
G80 G49 M09;	取消钻孔循环和长度补偿
M05;	
G91 G28 Z0;	
G28 X0 Y0;	
M01;	
N3	铰 ϕ10mm 孔

T3 M06;	换 ϕ10mm 铰刀
G90 G55 G00 X-29.0 Y29.0 S50 M03;	调用 G55 坐标系
G43 H3 Z-22.0 M08;	调用 3 号刀具长度补偿
G99 G81 Z-22.0 R10.0 F5;	钻孔循环
Y-29.0;	
X29.0;	
Y29.0;	
G80 M09;	取消钻孔循环
M05;	
G91 G49 G28 Z0;	
G28 X0 Y0;	
M01;	
N4	铣封闭槽
T4 M06;	ϕ10 键槽刀
G90 G56 G00 X11.0 Y0 S500 M03;	调用 G56 坐标系（槽对称中心）
G43 H4 Z50.0 M08;	
Z10.0;	
G01 Z-8.0F30;	下刀
X-11.0;	
G01 G41X6.0D04;	调用 4 号刀具半径补偿
G03 X0Y6.0R6.0;	圆弧切入
G01 X-11.0;	
G03 X-11.0 Y-6.0R6.0;	
G01 X11.0;	
G03 X11.0 Y6.0 R6.0;	
G01X0;	
G03 X-6.0 Y0 R6.0;	圆弧退出
G01 G40 X0;	
G00 G49Z50.0;	
M05;	
G91 G28 Z0 M09;	
G28 X0 Y0;	
M30	

4.8　其他数控铣床系统简介

　　本章前面介绍了 FANUC 系统的编程指令。除此之外，还有西门子系统、三菱系统和国产的广州数控、华中数控系统等，其基本指令是相同的。本节对华中 HNC-1M 铣床数控系统、SIEMENS802D 系统编程作简单介绍，要详细了解，请参看相应的说明书。

4.8.1 华中 HNC-1M 铣床数控系统编程指令简介

华中系统中（G90/G91）、（G92/G54—G59）、（G00/G01）、（G02/G03）、（G28/C29）、（G40/G41/G42）、（G17/G18/G19）、（G43/G44/G49）、（G09/G61/G64）、（G24/G25）、（G50/G51）、（G68/G69）、（G94/G95）、（G20/G21）等指令及固定循环指令与 FANUC 0i 系统格式、含义相同。这里只介绍与 FANUC 0i 系统不同的部分。

G53 指令的格式、意义与车床数控系统相同。

1. G22——脉冲当量输入指令

2. G53——直接机床坐标系编程

G53 是机床坐标系编程，在含有 G53 的程序段中，绝对值编程时的指令值是在机床坐标系中的坐标值。G53 是非模态指令，只在本段程序中有效。

3. G52——局部坐标系设定指令

格式：G52X_Y_Z_A_B_C_U_V_W

说明：

（1）X、Y、Z、A、B、C、U、V、W 为局部坐标系原点在工件坐标系中的坐标值。G52 指令能在所有的工件坐标系（G54～G59）内形成子坐标系，即设定局部坐标系。在含有 G52 指令的程序段中，绝对值方式编程的移动指令就是在该局部坐标系中的坐标值。即使设定了局部坐标系，工件坐标系和机床坐标系也不变化。

（2）G52 指令仅在其被规定的程序段中有效。

（3）在缩放及坐标系旋转状态下，不能使用
G52 指令，但在 G52 下能进行缩放及坐标系旋转。

例 4-10：如图 4-74 所示，用 G52 指令控制
刀具从 A 点运动到 B 点。

程序如下：

G52　X50.0Y40.0G00X30.0Y20.0

4. G60——单方向定位指令

格式：G60 X_Y_Z_A_B_C_U_V_W_
说明：

X、Y、Z、A、B、C、U、V、W 为定位终点，

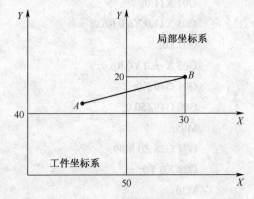

图 4-74　局部坐标系应用

在 G90 时为终点在工件坐标系中的坐标；在 G91 时为终点相对于起点的位移量。

在单向定位时，每一轴的定位方向是由机床参数确定的。在 G60 中，先以 G00 速度快速定位到一中间点，然后以固定速度移动到定位终点。中间点与定位终点的距离（偏移值）是一常量，由机床参数设定，且从中间点到定位终点的方向为定位方向。G60 指令仅在其所在的程序段中有效。

5. G04——延时指令

G04 X_，其中 X 值是暂停时间，单位为 s。

或 G04　P_，其中 P 值是暂停时间，单位为 ms。

6. G02（G03）——螺旋线进给指令

格式：G02(G03) α_β_ γ_ ^{δ}_ω_F_

　　　G02(G03) α_β_ γ_R_ω_F_

说明：

① α、β∈{X、Y、Z、U、V、W}为圆弧终点，在 G90 时为圆弧终点在工件坐标系中的坐标；在 G91 时为圆弧终点相对于圆弧起点的位移量。

② γ、δ∈{I、J、K}，不论在 G90 还是在 G91 时都是以增量方式指定，为圆心相对于起点的偏移值。

③ R 为圆弧半径，当圆心角小于 180°时，R 为正值，否则 R 为负值，整圆编程时不能使用 R，只能用 γ、δ。

④ F 为被编程的两个轴的合成进给速度。

⑤ ω 是与 α、β 平面垂直的轴的终点坐标，G02、G03 分别为顺螺旋插补和逆螺旋插补，螺旋线插补的进给速度 F 为合成运动速度。该指令是对另一个不在圆弧平面上的坐标轴施加运动的指令，对于任何角度（<360°）的圆弧，可附加任一数值的单轴指令。

4.8.2　SIEMENS802D 系统编程简介

1．NC 编程基本结构

（1）程序名称

在编制程序时按以下规则确定程序名。

① 开始的两个符号必须是字母。

② 其后的符号可以是字母、数字或下划线。

③ 最多 16 个字符。

④ 得使用分隔符。

例如，ZLXl_1

（2）程序结构和内容

NC 程序由若干个程序段组成，所采用的程序段格式属于可变程序段格式。

每一个程序段执行一个加工工步，每个程序段由若干个程序字组成，最后一个程序段包含程序结束符：M02 或 M30。请看如下程序：

ZLX1;

N10 T1 D1;

N20 G90 G54;

N30 G60 X30 Y20 Z5 S1500 M03;

N40 G01 Z-10 F100;

N50 G91 G02 X0 Y0 I30 J0;

N60 G90 G00 Z5;

N70 G00 X0 Y0;

N80 MIRROR X0;

N90 L10;

N100 ……

……

NXXXX M30

（3）程序字及地址符

程序字是组成程序段的元素，由程序字构成控制器的指令。程序字（如功能字 G1、F50，坐标字 X120 等）由以下几部分组成。

① 地址符：地址符一般是一个字母。

② 数值：数值是一个数值串，它可以带正负号和小数点，正号可以省略不写。

③ 多个地址符：一个程序字可以包含多个字母，数值与字母之间还可以用符号"，"隔开。例如，CR=16.5，表示圆弧半径=16.5mm。

此外，G 功能也可以通过一个符号名进行调用。例如，SCALE，即打开比例系数。

④ 扩展地址

对于如下地址：

R   计算参数

H   H 功能

I，J，K 插补参数/中间点

可以通过 1~4 个数字进行地址扩展。在这种情况下，其数值可以通过"="进行赋值。例如：R10=5，H6=10。

（4）程序段结构

程序段由若干个字和程序段结束符"LF"组成。在程序编写过程中进行换行时或按输入键时，可以自动产生程序段结束符。本教材中用"；"号表示回车换行（输入键）。

① 字顺序：程序段中有很多指令时建议按如下顺序：

N—G—X—Y—Z—F—S—T—D—M—H

② 程序段号说明：建议以 5 或 10 为间隔选择程序段号，以便修改插入程序段时赋予程序段号。

那些不需在每次运行中部执行的程序段可以被跳过去，为此可在这样的程序段的段号之前输入斜线符"/"。通过操作机床控制面板或者通过 PLC 接口控制信号使跳跃程序段生效。

在程序运行过程中，一旦跳跃程序段生效，则所有带"/"符的程序段都不予执行，当然这些程序段中的指令也不予考虑。程序从下一个没带斜线符的程序段开始执行。

③ 说明：利用加注释的方法可在程序中对程序段进行说明。注释可作为对操作者的提示显示在屏幕上。例如：

N10 G17 G54 G94 F100 S1200 M3 D2;   主程序

N20 G00 G90 X100 Y200;

N30 G01 Yl85;

N40 X112;

/N50 X118 Y180;

N60 X150 Y120;

N70 G00 G90 X200;

N80 M02

2. SIEMENS 系统 G 功能代码

SIEMENS 系统数控铣床和加工中心 G 功能格式如表 4-8 所示。

表 4-8　　　　　　　　　　数控铣床和加工中心 G 功能格式

分　类	分　组	代　码	意　义	格　式	备　注
插补	1	G00	快速插补（笛卡尔坐标）	G00 X_Y_Z_	
		G01	直线插补（笛卡尔坐标）	G01 X_Y_Z_	
		G02	顺时针圆弧（笛卡尔坐标，终点+圆心）	G02 X_Y_Z_I_J_K_	X, Y, Z 确定终点，I, J, K 确定圆心
			顺时针圆弧（笛卡尔坐标，终点+半径）	G02 X_Y_Z_CR=_	X, Y, Z 确定终点，CR 为半径（大于 0 为优弧，小于 0 为劣弧）
			顺时针圆弧（笛卡尔坐标，圆心+圆心角）	G02 AR=_I_J_K_	AR 确定圆心角（0°～360°），I, J, K 确定圆心
			顺时针圆弧（笛卡尔坐标，终点+圆心角）	G02 AR=_X_Y_Z_	AR 确定圆心角（0°～360°），X, Y, Z 确定终点
		G03	逆时针圆弧（笛卡尔坐标，终点+圆心）	G03 X_Y_Z_I_J_K_	
			逆时针圆弧（笛卡尔坐标，终点+半径）	G03 X_Y_Z_CR=_	
			逆时针圆弧（笛卡尔坐标，圆心+圆心角）	G03 AR=_I_J_K_	
			逆时针圆弧（笛卡尔坐标，终点+圆心角）	G03 AR=_X_Y_Z_	
		CIP	圆弧插补（笛卡尔坐标，三点圆弧）	CIP X_Y_Z_I1=_J1=_K1=_	① X, Y, Z 确定终点，I1, J1, K1 确定中间点 ② 是否为增量编程对终点和中间点均有效
平面	6	G17	指定 XY 平面	G17	
		G18	指定 ZX 平面	G18	
		G19	指定 YZ 平面	G19	
增量设置	14	G90	绝对值编程	G90	
		G91	增量值编程	G91	
单位	13	G70	英制单位输入	G70	
		G71	公制单位输入	G71	
	9	G53	取消工作坐标设定	G53	
工作坐标	8	G54	工作坐标 1	G54	
		G55	工作坐标 2	G55	
		G56	工作坐标 3	G56	
		G57	工作坐标 4	G57	

分　类	分组	代　码	意　　义	格　式	备　　注
复位	2	G74	回参考点（原点）	G74 X1=_ 　　Y1=_ 　　Z1=_	回原点的速度为机床固定值，指定回参考点的轴不能有 Transformation，若有则需用 TRAFOOF 取消
刀具补偿	7	G40	取消刀具补偿	G40	在指令 G40、G41 和 G42 的一行中必须同时有 G0 或 G1 指令（直线），且要指定一个当前平面内的一个轴，如在 XY 平面下，N20 G1 G41 Y50
		G41	左刀补	G41	
		G42	右刀补	G42	
	17	NORM	设置刀具补偿开始和结束为正常方法		
		KONT	设置刀具补偿开始和结束为其他方法		接近或离开刀具补偿路径的点为 G451 或 G450 计算的交点
	18	G450	刀具补偿时拐角走圆角	G450 DISC=___	DISC 的值为 0～100，为 0 时表示最大的圆弧，为 100 时与 G451 相同
		G451	刀具补偿时到交点时再拐角		

3. SIEMENS 系统支持的 M 代码

支持的 M 代码如表 4-9 所示。

表 4-9 支持的 M 代码

代　码	意　义	格　　式	功　　能
M00	停止	M00	
M01	选择性暂停	M01	
M03	主轴顺时针旋转	M03	
M04	主轴逆时针旋转	M04	
M05	主轴停转	M05	
M06	换刀	T×或 T=×或 Ty=×	选择第×号刀，×范围：0～32000，T0 取消刀具
		M06	T 生效且对应补偿 D 生效
M17	子程序结束	（1）若单独执行子程序则此功能与 M02 和 M30 相同 （2）自动取消 G64 模式	
M02	主程序结束		若主程序被其他程序调用，则功能同 M17
M30	主程序结束且返回程序开头		

练 习 题

1. 数控铣削适用于哪些加工场合？
2. 被加工零件轮廓上的内转角尺寸是指哪些尺寸？为何要尽量统一？
3. G53 与 G54～G59 的含义是什么？它们之间有何关系？
4. 数控铣床与加工中心的区别是什么？
5. 数控铣削编程中，刀具的进退方式有哪些？

6. 刀具返回参考点的指令有几个?它们各在什么情况下使用?

7. 什么是顺铣?什么是逆铣?数控机床的顺铣和逆铣各有什么特点?

8. 分别采用中心轨迹和刀具半径补偿两种方式编写图 4-75、图 4-76 和图 4-77 所示零件程序。

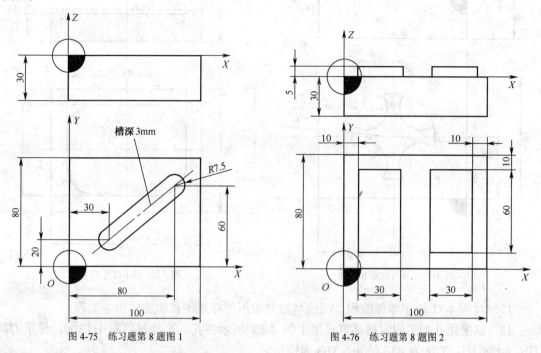

图 4-75　练习题第 8 题图 1　　　　　　　　图 4-76　练习题第 8 题图 2

9. 采用镜像方式编写图 4-78 所示零件的加工程序。

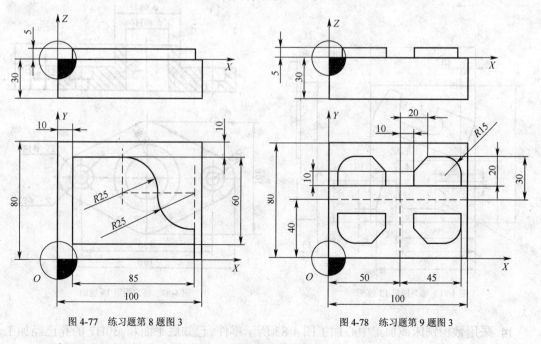

图 4-77　练习题第 8 题图 3　　　　　　　　图 4-78　练习题第 9 题图 3

10. 采用坐标系旋转指令编写图 4-79 零件的加工程序。

11. 编写图 4-80 所示零件的型腔加工程序。要求进行粗加工和精加工。

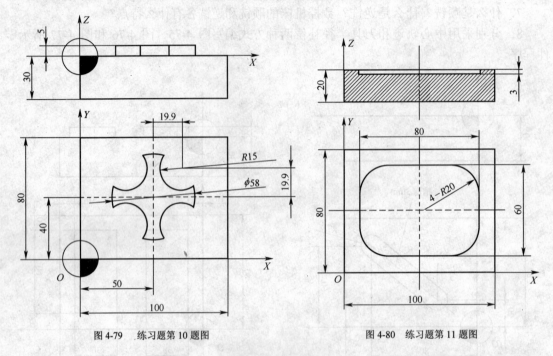

图 4-79   练习题第 10 题图   图 4-80   练习题第 11 题图

12. 对图 4-81 所示零件编程，凹槽型腔要求用坐标系平移和旋转指令编程。

13. 试采用孔加工固定循环方式加工图 4-82 所示各孔。工件材料为 HT300，使用刀具 T01 为镗孔刀，T02 为 $\phi 13$ 钻头，T03 为锪钻。

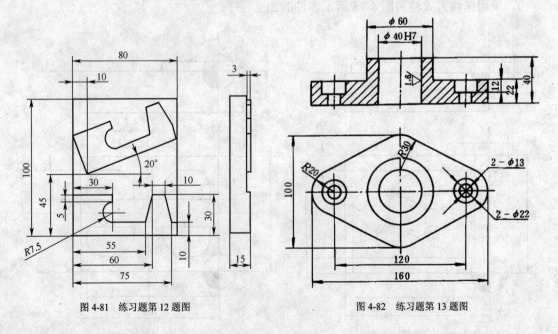

图 4-81   练习题第 12 题图   图 4-82   练习题第 13 题图

14. 采用数控铣床或加工中心加工图 4-83 所示零件。已知底平面和 $\phi 30H7$ 的孔已经加工。要求加工凸轮轮廓和 4 个 $\phi 12H7$ 孔，试编写其加工程序。

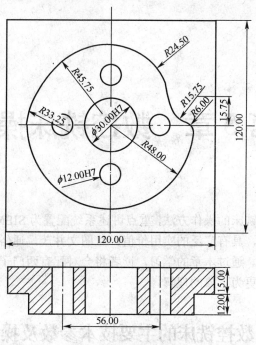

图 4-83　练习题第 14 题图

15. 采用数控铣床或加工中心加工图 4-84 所示零件。已知毛坯尺寸 100mm×100mm×20mm。试编写其程序。此题为中级职业技能鉴定样题。

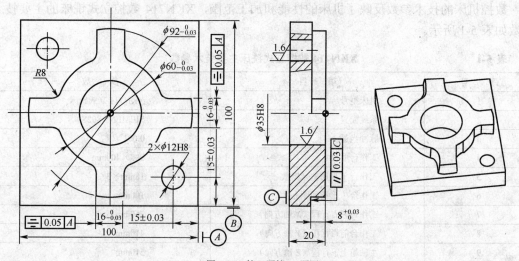

图 4-84　练习题第 15 题图

第5章 数控铣床操作

本章主要介绍数控铣床的操作方法，重点讲述系统配置为 SIEMENS 802S 的 XKN714 数控立式铣床的操作过程，具有广泛的实用价值，且图文并茂，通俗易懂、深入浅出地介绍操作数控铣床必备的技能。通过本章的学习，读者将会对配有西门子系统的数控铣床操作以及典型零件的加工有一个更为形象的理解。

5.1 数控铣床的主要技术参数及操作面板

5.1.1 XKN714 数控立式铣床的主要技术参数

数控机床的技术参数反映了机床的性能和加工范围，XKN714 数控立式铣床的主要技术参数如表 5-1 所示。

表 5-1   XKN714 数控立式铣床主要技术参数

序　号	项　　目	参　　数
1	机床型号	XKN714 立式铣床
2	系统配置	SIEMENS 802S
3	脉冲当量	0.001
4	工作台面尺寸	900×400mm
5	工作台 T 形槽宽×槽数	18mm×3
6	工作台 T 形槽间距	100mm
7	工作台左右行程（X 轴方向）	760mm
8	工作台前后行程（Y 轴方向）	410mm
9	主轴箱上下行程（Z 轴方向）	510mm
10	主轴端面与工作台面距离	130～640mm
11	主轴锥孔	BT40
12	主轴转速范围	60～3000 转/分

5.1.2 数控系统面板介绍

数控机床提供的各种功能可通过其控制面板操作来实现。控制面板一般分为数控系统操作面板和机床控制面板。

1. 数控系统面板

图 5-1 所示为德国西门子公司的 SIEMENS 802S 数控系统面板。

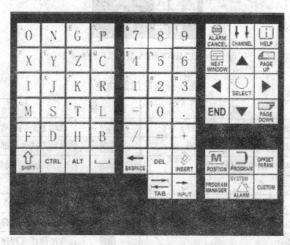

图 5-1 SIEMENS 802S 数控系统面板

在介绍数控操作系统使用方法之前要先熟悉数控系统面板的主要按键的功能，在表 5-2 中介绍了 SIEMENS 802S 系统主要按键的功能。

表 5-2 按键功能

按　键	功　能	按　键	功　能
	报警应答键（可取消系统报警）		通道转换键（转换系统频道通道）
	信息键（显示帮助信息）		下一个屏幕显示
	翻页键		结束
	光标移动键（上下左右移动光标）		选择/转换键
	加工操作区域键（显示坐标定位及加工信息）		程序操作区域键（外部程序传输及内部程序的调用）
	参数操作区域键（显示工件参数及刀具参数）		程序管理操作区域键（程序的新建、修改、替换、删除）
	报警（显示报警相关信息）		图形显示（显示零件加工图形及刀具轨迹）
	字母键 上档键转换对应字符		数字键 上档键转换对应字符
	上档建（字符和符号的切换）		控制键
	替换键（程序段的替换）		空格键
	退格删除键（删除单个字符）		删除键（删除光标所在的程序段）
	插入键（输入程序及参数）		制表键
	回车/输入键（最终确定键）		

2. 机床控制面板

图 5-2 所示为 SIEMENS 802S 系统机床控制面板，表 5-3 中介绍了机床控制面板上各个主要按键的功能。

图 5-2　SIEMENS 802S 数控机床控制面板

表 5-3 　　　　　　　　　　　　　　　　　　操作键盘的按键功能

按　键	功　能	按　键	功　能
	增量选择键（增量方式移动机床工作台）		点动（手动移动机床工作台）
	参考点（开机床回参考点按键）		自动方式（外部或者内部程序的自动执行）
	单段（外部或内部程序的单段执行）		MDA 方（手动数据输入）
	主轴正转		主轴反转
	主轴停转	+X −X	X 轴正负方向点动
+Z −Z	Z 轴正负方向点动		快进键（快速叠加）
+Y −Y	Y 轴正负方向点动		数控停止（程序循环停止）
	RESET（复位键）		数控启动（程序循环启动）
	急停键（遇到紧急情况迅速按下停止机床运转）		
	主轴速度修调（X 旋转调整主轴转速倍率）		进给速度修调（旋转调整工作台进给倍率）

3. 屏幕显示区

用户进行操作时显示目前机床所处的状态，如图 5-3 所示。显示屏右侧和下方的灰色方块为菜单软键，按下软键，可以进入软键左侧或上方对应的菜单。有些菜单下有多级子菜单，当进入子菜单后，可以通过单击【返回】软键，返回上一级菜单。

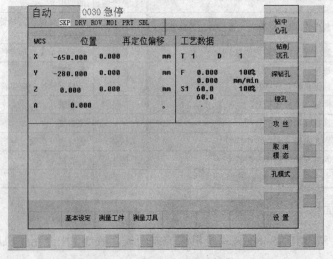

图 5-3　SIEMENS 802S 数控系统屏幕显示区

5.1.3　数控系统（机床）的基本操作

1.　开机

用钥匙打开机床背部电源开关，接通机床电源；按机床面板下方绿色电源键，开动机床。

2.　回参考点

① 进入系统后，显示屏上方显示文字：0030：急停。逆时针旋转急停键，使急停键弹起。这时该行报警文字消失。

② 按下机床控制面板上的参考点键 ，这时显示屏上 X、Y、Z 坐标轴后出现空心圆（见图 5-4）。

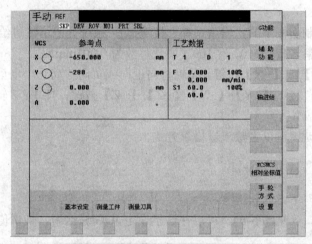

图 5-4　机床参考点回复前屏幕显示

③ 分别按下 +Z、+X、+Y 键，机床上的坐标轴移动回参考点，同时显示屏上坐标轴后的空心圆变为实心圆（见图 5-5），参考点的机械坐标值（MCS）均变为 0，表明机床回参考点成功。

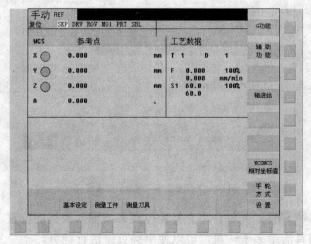

图 5-5　机床参考点回复后屏幕显示

3. JOG 运行方式

① 按下机床控制面板上的点动键 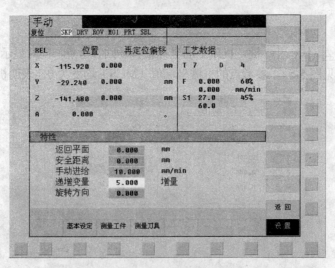。

② 通过进给速度修调旋钮 选择进给速度。

③ 按下坐标轴方向键，机床在相应的轴上发生运动。只要按住坐标轴键不放，机床就会以设定的速度连续移动。

4. 快速移动

先按下快进按键，然后再按坐标轴键，则该轴将产生速度叠加，可使坐标轴产生快速运动效果。

5. 增量进给

① 按下机床控制面板上的"增量选择"按键，系统处于增量进给运行方式。

② 设定增量倍率×1、×10、×100（增量基数为 0.001mm）。

③ 按一下【+X】或【-X】按键，X 轴将向正向或负向移动一个增量值。

④ 依同样方法，按下【+Y】、【-Y】、【+Z】、【-Z】按键，使 Y、Z 轴向正向或负向移动一个增量值。

⑤ 再按一次点动键可以去除步进增量方式。

6. 设定增量值

① 单击"设置"下方的软键。

② 显示如下窗口（见图 5-6），可以在这里设定 JOG 进给率、增量值等。

图 5-6　机床进给率、增量值设置窗口

③ 使用光标键 移动光标，将光标定位到需要输入数据的位置。光标所在区域为白色高光显示。如果刀具清单多于一页，可以使用翻页键进行翻页。

④ 单击数控系统面板上的数字键，输入数值。

⑤ 单击输入键 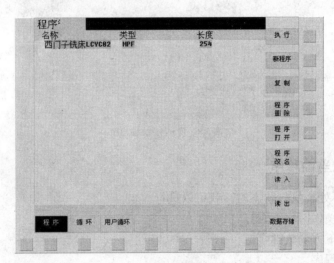 确认。

5.2　数控铣床程序编辑与调试

本节主要介绍数控机床操作过程中如何新建程序，输入程序，编辑程序等与程序的相关的操作。

5.2.1　进入程序管理方式

① 单击程序管理操作区域键 。
② 单击程序下方的软键 。
③ 显示屏显示零件程序列表（见图 5-7）。

图 5-7　零件程序列表窗口

5.2.2　系统软键应用

系统软键的按键功能如表 5-4 所示。

表 5-4　软键的按键功能

软　键	功　能
执行	如果零件清单中有多个零件程序，按下该键可以选定待执行的零件程序，再按下数控启动键就可执行程序。
新程序	创建并且输入一个新程序
复制	把选择的程序复制到另一个程序中
程序删除	删除程序
程序打开	打开程序
程序改名	更改程序名

5.2.3 输入新程序

① 按下 ▨ 键。

② 使用字母键，输入程序名。例如，输入字母：JI；

③ 按【确认】软键。如果按"中断"软键，则刚才输入的程序名无效。

④ 这时零件程序清单中显示新建立的程序，如图5-8所示。

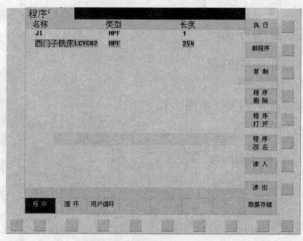

图 5-8　显示新建立的程序

5.2.4 编辑当前程序

当零件程序不处于执行状态时，就可以进行编辑。

① 单击程序操作区域键 ▨。

② 单击编辑下方的软键 ▨。

③ 打开当前程序。

④ 使用面板上的光标键和功能键来进行编辑。

⑤ 删除：使用光标键，将光标落在需要删除的字符前，按删除键 ▨ 删除错误的内容。或者将光标落在需要删除的字符后，按退格删除键 ▨ 进行删除。

5.3　数控铣床的对刀及刀具参数设置

本节主要介绍数控铣床对刀的方法，重点说明手动对刀的操作步骤及刀具补偿值设定，包括坐标系建立。

5.3.1 进入参数设定窗口

① 按下系统控制面板上的参数操作区域键 ▨，显示屏显示参数设定窗口，如图5-9所示。

② 单击软键，可以进入对应的菜单进行设置。用户可以在这里设定刀具参数、零点偏置等参数。

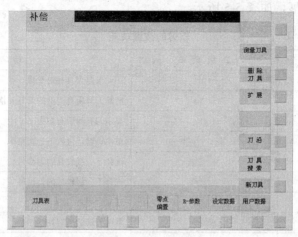

图 5-9　MDA 方式程序显示

5.3.2　设置刀具参数及刀补参数

1. 设置刀具参数的基本方法

① 单击"刀具表"下方的软键 $\boxed{}$。

② 打开刀具补偿设置窗口（见图 5-10），该窗口显示所使用的刀具清单。

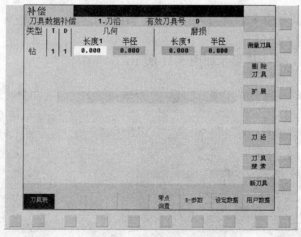

图 5-10　刀具补偿设置窗口

③ 使用光标键 $\boxed{\blacktriangleleft}\|\boxed{\blacktriangleright}$ 移动光标，将光标定位到需要输入数据的位置。光标所在区域为白色高光显示。如果刀具清单多于一页，可以使用翻页键进行翻页。

④ 单击数控系统面板上的数字键，输入数值。

⑤ 单击输入键 $\boxed{}$ 确认。

2. 系统软键

通过对软键的一级菜单操作，可以得到二级菜单，根据屏幕上的软键提示，可以得到功能的进一步深入和扩展，如表 5-5 所示。

表 5-5　　　　　　　　　　　　　　　　软键的按键功能

一 级 菜 单	二 级 菜 单	功　　能
确定刀具		手动确定刀具补偿参数
删除刀具		清除刀具所有刀沿的刀具补偿参数
扩展		显示刀具的所有参数
刀沿		单击该键，进入下一级菜单，用于显示和设定其他刀沿
	>>	选择下一级较高的刀沿号
	<<	选择下一级较低的刀沿号
	新刀沿	建立一个新刀沿
	复位刀沿	复位刀沿的所有补偿参数
刀具搜索		输入刀具号，搜索特定刀具（暂未开通）
新刀具		建立新刀具的刀具补偿
	钻削	设定钻刀刀具号
	铣刀	设定铣刀刀具号

3. 建立新刀具

单击软键【新刀具】，显示屏右侧出现钻削和铣刀两个菜单项，可以设定两种类型刀具的刀具号。

例如，要建立刀具号为 6 的铣刀，其操作步骤如下。

① 单击 新刀具 键。

② 单击 铣刀 键，显示屏显示如图 5-11 所示。

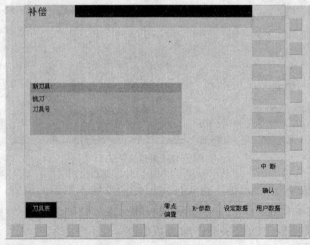

图 5-11　建立新刀具窗口

③ 使用数控系统面板上的数字键，输入数字 6。

④ 单击右下方的【确认】软键，完成建立。这时刀具清单里会出现新建立的刀具，如图

5-12 所示。

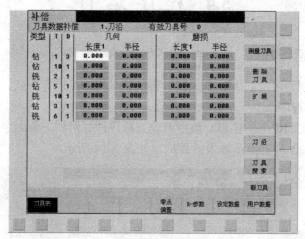

图 5-12　新建立的刀具窗口

5.3.3　设置零点偏置值

① 单击"零点偏置"下方的软键。

② 屏幕上显示可设定零点偏置的情况，如图 5-13 所示。

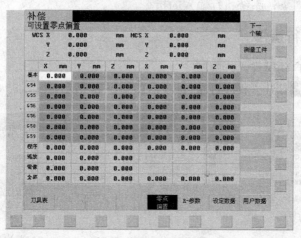

图 5-13　设置零点偏置窗口

③ 使用光标键◀▐▶移动光标，将光标定位到需要输入数据的位置。光标所在区域为白色高光显示。

④ 单击数控系统面板上的数字键，输入数值。

⑤ 单击输入键确认。

5.4 程序运行

5.4.1 MDA 运行方式

① 按下机床控制面板上的 MDA 键 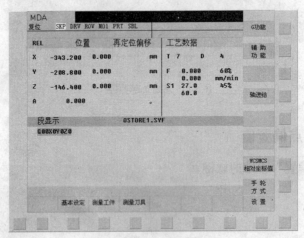 ，系统进入 MDA 运行方式，在此方式下，可以运行一条或几条简单的程序。

② 使用数控系统面板上的字母、数字键输入程序段。例如，单击字母键、数字键，依次输入：G00X0Y0Z0。屏幕上显示输入的数据，如图 5-14 所示。

图 5-14　MAD 方式程序显示

③ 按数控启动键 ，系统执行输入的指令。

5.4.2 自动运行操作

① 按 键选择自动模式。

② 按程序键 打开"程序目录窗口"，如图 5-15 所示。

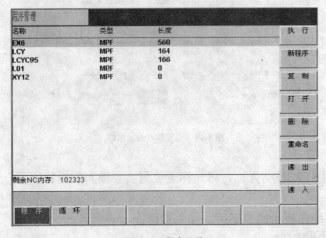

图 5-15　程序目录

③　在第一次选择"程序"操作区时会自动显示"零件程序和子程序目录"。用光标键▲
▼把光标定位到所选的程序上。

④　按 [执行] 键选择待加工的程序，被选择的程序名称显示在屏幕区"程序名"下。

5.4.3　自动运行模式

①　按 [auto] 键选择自动模式，显示屏显示，如图 5-16 所示。

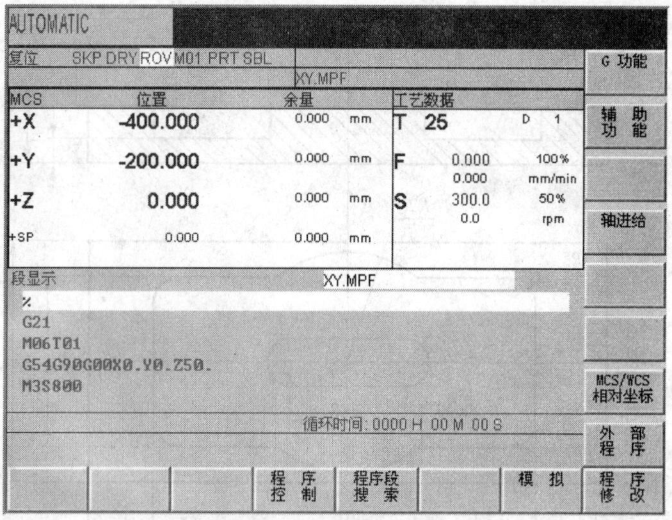

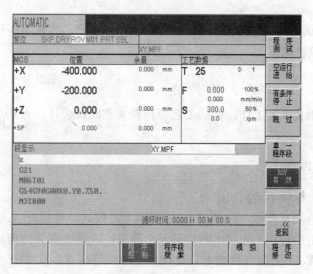

图 5-16　"自动模式"状态图

②　按 [程序控制] 键，可以选择程序的运行状态，如图 5-17 所示。

图 5-17　程序运行状态

③　按单步循环 [single] 键，启动单步循环方式，进行单段操作模式，在此模式下，每按循环
启动键 [cycle] 一次，系统执行一行程序。

④　按循环启动 [cycle] 键，启动加工程序。

5.5 数控铣床典型零件加工

图 5-18 所示为一典型零件的加工图纸，本节我们将详细介绍一个典型零件的加工过程，使大家通过对典型零件的加工过程，对数控机床及数控系统的操作过程有一个更为深刻的理解。

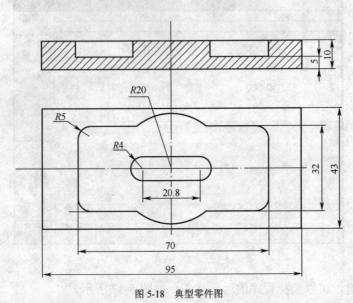

图 5-18 典型零件图

加工如图 5-18 所示零件，零件材料为 LY12，单件生产，零件毛坯已加工到尺寸。选用设备：XKN714 数控铣床。

1. 准备工作

加工以前完成相关准备工作，包括工艺分析及工艺路线设计、刀具及夹具的选择、程序编制等。

2. 操作步骤及内容

（1）开机，各坐标轴手动回机床原点

每次开机，首先回参考点。选择 REF 回参考点模式，分别对 X、Y、Z 三个方向正向回参考点。为了避免主轴和工作台上的夹具发生碰撞，应该先回 Z 方向，待 Z 方向回参考点成功时，再分别回 X、Y 正向（回参考点过程中，必须等待 X、Y、Z 三个方向正向全部回参考点结束后方可进行其他操作）。

（2）清洁工作台，安装夹具和工件

将平口虎钳清理干净装在干净的工作台上，通过百分表找正、装紧平口虎钳（见图 5-19）；清洁平口虎钳及垫铁，将工件毛坯用平口虎钳装夹好（见图 5-20）。

图 5-19　百分表找正

图 5-20　用平口虎钳装夹好工件毛坯

（3）用寻边仪对刀，确定 X、Y 向的零偏值

① X 轴分中

将寻边仪装夹到主轴上，然后移动主轴到零件的右侧边（或者左侧边）并相隔一段距离，寻边仪探头保持在工件上表面下方 5～10mm 处，用手轮运动 X 轴以 ×100 的速度慢慢靠近零件侧边，当接近零件侧边 10mm 时，手轮倍率转换为 ×10，再慢慢靠近工件。当接近零件侧边 3～5mm 时，手轮倍率转换为 ×1，这时要缓慢移动工作台，直到寻边仪探头稍微接触到工件侧面，探头指示灯变亮。此时记录下工件 X 方向的机械坐标。然后缓缓升起寻边仪，用同样的方法使探头从另外一侧靠近并接触到工件，记录下此时 X 方向的机械坐标（见图 5-21）。取两次机械坐标之和的二分之一，输入到刀具偏置 G54 的 X 项中。

图 5-21　用寻边仪确定 X 向零偏值

② Y 轴分中

将寻边仪探头移动到零件的后侧边（或者前侧边）并相隔一段距离，寻边仪探头保持在工件上表面下方 5～10mm 处，用手轮运动 Y 轴以 ×100 的速度慢慢靠近零件侧边，当接近零件侧边 10mm 时，手轮倍率转换为 ×10，再慢慢靠近工件。当接近零件侧边 3～5mm 时，手轮倍率转换为 ×1，这时要缓慢移动工作台，直到寻边仪探头稍微接触到工件侧面，探头指示灯变亮。此时记录下工件 Y 方向的机械坐标。然后缓缓升起寻边仪，用同样的方法使探头从另外一侧靠近并接触到工件，记录下此时 Y 方向的机械坐标（见图 5-22）。取两次机械坐标之和的二分之一，输入到刀具偏置 G54 的 Y 项中。

图 5-22 用寻边仪确定 Y 向零偏值

（4）刀具安装

根据加工要求选择 φ10 高速钢立铣刀，用弹簧夹头刀柄装夹后，在 JOG 模式下，通过手动装卸刀按钮 将其装上主轴，如图 5-23 所示显示刀具已经安装好。

图 5-23 立铣刀安装完成

（5）用 Z 向百分表设置 Z 方向零点偏置值

将预先装好的刀具垂直装入主轴，并且在工件上方放置 Z 向百分表。刀具缓缓接近深度仪百分表，直至接触并发现深度仪百分表读数有微小变化，记录此时 Z 向机械坐标和深度仪百分表读数（见图 5-24），取差值作为 Z 向机械坐标原点，输入到刀具偏置 G54 的 Z 项中。

图 5-24 用寻边仪确定 Z 向零偏值

（6）输入并打开加工程序

将计算机生成好的加工程序通过数据线传输到机床数控系统的内存中。

① 按程序键 [　　] 打开"程序目录窗口"。

② 在第一次选择"程序"操作区时会自动显示"零件程序和子程序目录"。用光标键 [▲] [▼] 把光标定位到所选的程序上。

③ 按 [执行] 键选择待加工的程序，被选择的程序名称显示在屏幕区"程序名"下。

④ 通过 [程序打开] 软键将程序调用，如图 5-25 所示。

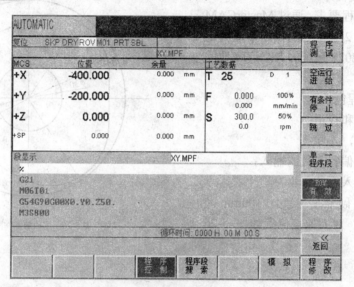

图 5-25　程序调用窗口

（7）调试加工程序

把工件坐标系的 Z 值沿 +Z 向平移 100mm，通过 [→] 键选择自动模式，先按下单段运行键 [国]，通过进给倍律旋钮 [○] 适当降低进给速度，再按下数控启动键 [◇]，启动程序，并检查程序运行过程中刀具运动轨迹是否正确，如果轨迹正确无误，可进行下面的自动加工过程。

（8）自动加工

把工件坐标系的 Z 值恢复原值，将进给倍率开关打到低档，通过 [→] 键选择自动模式，按下数控启动键 [◇] 运行程序，开始进行加工。机床加工时，适当调整主轴转速和进给速度，并注意监控加工状态，保证加工正常，直到零件完整加工完毕为止。

（9）加工完成，尺寸检测

在零件加工完毕后，取下工件，用游标卡尺进行尺寸检测，看零件是否符合图纸要求。

（10）清理加工现场

（11）关机

操作实训题

在数控铣床上试完成如图 5-26 所示零件的加工，并对零件进行精度检验，拟写实验报告。

说明：

① 加工所需刀具：

直径 14 毫米立铣刀 1 支，工作长度大于 15 毫米；

直径 30 毫米钻头 1 支，工作长度大于 60 毫米。

② 加工所需程序：

针对加工过程要求，通过 MasterCAM 软件自动生成的 2 条单独的程序，适用于配有 SIEMENS 802S 系统的 XKN714 数控铣床。

③ 加工过程包括：

夹具的安装和找正；

刀具的装夹，入库；

对刀及刀具偏置参数的输入；

外部程序输入系统。

④ 毛坯为硬铝，尺寸 100mm × 100mm×40mm，对刀原点位置如图 5-26 所示。

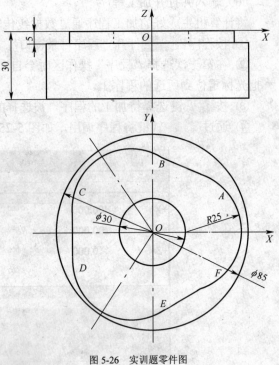

图 5-26 实训题零件图

第 6 章　数控加工中心操作

本章主要介绍数控加工中心的操作方法，重点讲述系统配置为 FANUC0i－MA 数控系统的 XH715D 数控立式加工中心的操作过程，具有广泛的实用价值，且图文并茂，通俗易懂、深入浅出地介绍操作数控加工中心必备的技能。通过本章的学习，读者将会对配有 FANUC0i－MA 系统的数控加工中心操作以及典型零件的加工过程有一个形象的理解。

6.1　数控加工中心的主要技术参数及控制面板

6.1.1　XH715D 数控加工中心的主要技术参数

数控机床的技术参数反映了机床的性能和加工范围。表 6-1 所示为 XH715D 立式数控加工中心的主要技术参数。

表 6-1　　　　　　　　　XH715D 数控加工中心的主要技术参数

序　号	项　目	参　数
1	机床型号	XH715D 立式加工中心
2	系统配置	FANUC 0i—MA
3	脉冲当量	0.001
4	工作台面尺寸	1100×520mm
5	工作台 T 形槽宽×槽数	18mm×5
6	工作台 T 形槽间距	100mm
7	工作台左右行程（X 轴方向）	880mm
8	工作台前后行程（Y 轴方向）	500mm
9	主轴箱上下行程（Z 轴方向）	610mm
10	主轴端面与工作台面距离	127～737mm
11	主轴锥孔	BT40
12	主轴转速范围	80-8000 转/分

6.1.2　数控加工中心面板介绍

1. 数控系统面板

数控机床提供的各种功能可通过其控制面板操作来实现。控制面板一般分为数控系统操作面板和机床控制面板及手轮面板。图 6-1 所示为 FANUC0i－MA 数控加工中心操作面板。

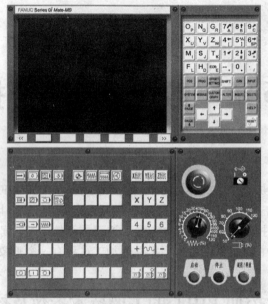

图 6-1　数控加工中心操作面板

（1）键盘说明

常用按键的功能如表 6-2 所示。

表 6-2　　　　　　　　　　　　　常用按键功能说明

编　号	名　称	功 能 说 明
1	复位键	按下这个键可以使 CNC 复位或者取消报警等
2	帮助键	当对 MDI 键的操作不明白时，按下这个键可以获得帮助
3	软键	根据不同的画面，软键有不同的功能。软键功能显示在屏幕的底端
4	地址和数字键	按下这些键可以输入字母，数字或者其他字符
5	切换键	在键盘上的某些键具有两个功能。按下【SHIFT】键可以在这两个功能之间进行切换
6	输入键	当按下一个字母键或者数字键时，再按该键数据被输入到缓冲区，并且显示在屏幕上。要将输入缓冲区的数据复制到偏置寄存器中等，请按下该键。这个键与软键中的【INPUT】键是等效的
7	取消键	取消键，用于删除最后一个进入输入缓存区的字符或符号
8	程序功能键	ALTER 键用于替换 INSRT 键用于插入 DELETE 键用于删除
9	功能键	按下这些键，切换不同功能的显示屏幕
10	光标移动键	有四种不同的光标移动键： → 键用于将光标向右或者向前移动 ← 键用于将光标向左或者往回移动 ↓ 键用于将光标向下或者向前移动 ↑ 键用于将光标向上或者往回移动
11	翻页键	有两个翻页键： PAGE↑ 键用于将屏幕显示的页面往前翻页 PAGE↓ 键用于将屏幕显示的页面往后翻页

（2）功能键和软键

功能键用来选择将要显示的屏幕画面。

按下功能键之后再按下与屏幕文字相对的软键，就可以选择与所选功能相关的屏幕。

① 功能键

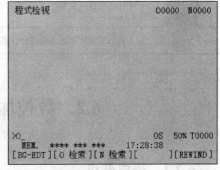

：按下该键以显示位置屏幕。

：按下该键以显示程序屏幕。

：按下该键以显示偏置/设置（SETTING）屏幕。

：按下该键以显示系统屏幕。

：按下该键以显示信息屏幕

：按下该键以显示用户宏屏幕。

② 软键

要显示一个更详细的屏幕，可以在按下功能键后按软键。最左侧带有向左箭头的软键为菜单返回键，最右侧带有向右箭头的软键为菜单继续键。

（3）输入缓冲区

当按下一个地址或数字键时，与该键相应的字符就立即被送入输入缓冲区。输入缓冲区的内容显示在 CRT 屏幕的底部。

为了标明这是键盘输入的数据，在该字符前面会立即显示一个符号"＞"。在输入数据的末尾显示一个符号"_"标明下一个输入字符的位置（如图 6-2 所示）。

为了输入同一个键上右下方的字符，首先按下键，然后按下需要输入的键就可以了。例如要输入字母 P，首先按下键，这时【SHIFT】键变为红色，然后按下键，缓冲区内就可显示字母 P。再按一下键，【SHIFT】键恢复成原来颜色，表明此时不能输入右下方字符。

按下键可取消缓冲区最后输入的字符或者符号。

图 6-2 键盘输入显示

2. 机床操作面板

机床操作面板各按键功能如表 6-3 所示。

表 6-3 机床操作面板各按键功能

按　键	功　能	按　键	功　能
	自动键（程序自动运行）		编辑键（新增、删除、修改程序）
	MDI（手动程序数据输入）		连续点动键（长按此键实现连续进给）
	返回参考点键		手轮键（启动外挂手脉）
	增量键（点动方式控制进给）		跳过键（通过"/"跳过某一程序段）
	单段键（单段执行程序）		循环启动键（启动自动运行程序）
	空运行键（执行空运行操作）		
	进给暂停键（进给保持）		
	进给暂停指示灯		
	当 X 轴返回参考点时，【X 原点灯】亮		当 Y 轴返回参考点时，【Y 原点灯】亮
	当 Z 轴返回参考点时，Z 原点灯亮		X 键
	Y 键		Z 键

按　键	功　　能	按　键	功　　能
+	坐标轴正方向键	〰	快进键（实现快速叠加）
-	坐标轴负方向键		
	主轴正转键		主轴停键
	主轴反转键		
	急停键		进给速度修调
	主轴速度修调		
	启动电源键		关闭电源键

3. 手轮面板

手轮面板按键功能如表 6-4 所示。

表 6-4　　　　　　　　　　　　　　手轮面板按键功能

按　键	功　　能
	手轮进给放大倍数开关。分为×1、×10、×100 三档。分别代表手轮每动一格，工作台移动 0.001mm、0.01mm、0.1mm
	手轮。顺时针为正方向进给，逆时针为负方向进给。进给倍率由手轮进给放大倍率开关调节

6.2　数控加工中心的基本操作方法

6.2.1　通电开机

第一步操作是接通系统电源。操作步骤如下。

① 按下机床面板上的 ▢ 键，接通电源，显示屏由原先的黑屏变为有文字显示，▢ 指示灯亮。

② 按急停键，使急停键 ◉ 抬起。

③ 这时系统完成上电复位，可以进行后面的操作。

6.2.2　手动操作

1. 手动返回参考点

① 按下返回参考点键 ▢。

② 按下 X 键，再按下 + 键，X 轴返回参考点，同时 X▦ 亮。

③ 依上述方法，依次按下 Y + 键、Z + 键，Y、Z 轴返回参考点，同时 Y▦ Z▦ 亮。

2. 手动连续进给

① 按下 ▦ 键，系统处于连续点动运行方式。

② 选择进给速度。

③ 按下 X 键（指示灯亮），再按住 + 键或 - 键，X 轴产生正向或负向连续移动；松开 +

键或 − 键，X轴运动停止。

④ 依同样方法，按下 Y 键，再按住 + 键或 − 键，或按下 Z 键，再按住 + 键或 − 键，使 Y、Z 轴产生正向或负向连续移动。

3. 点动进给速度选择

使用机床控制面板上的进给速度修调旋钮选择进给速度。

顺时针旋转该旋钮，修调倍率递增；逆时针旋转该旋钮，修调倍率递减。每顺时针旋转一格，倍率增加 5%；每逆时针旋转一格，修调倍率递减 5%。

4. 增量进给

① 按下"增量"按键，系统处于增量运行方式。
② 按下 X 键（指示灯亮），再按一下 + 键或 − 键，X轴将向正向或负向移动一个增量值。
③ 依同样方法，按下 Y 键，再按住 + 键或 − 键，或按下 Z 键，再按住 + 键或 − 键，使 Y、Z轴向正向或负向移动一个增量值。

5. 手轮进给

① 按下"手轮"按键，系统处于手轮运行方式。

② 通过 FEED MLTPLX 选择倍率。

顺时针旋转，倍率增大；逆时针旋转，倍率减小。

6.2.3 自动运行操作

1. 选择和启动零件程序

① 按下自动键，系统进入自动运行方式。
② 程序可通过计算机传入的方式进入系统，也可以在系统面板上直接进行编辑。
③ 按循环启动键（指示灯亮），系统执行程序。

2. 停止、中断零件程序

① 停止：如果要中途停止，可以按下循环启动键左侧的进给暂停键，这时机床停止运行，并且循环启动键的指示灯灭、进给暂停指示灯亮。再按循环启动键，就能恢复被停止的程序。
② 中断：按下数控系统面板上的复位键，可以中断程序加工，再按循环启动键，程序将从头开始执行。

3. MDI 运行

① 按下 MDI 键，系统进入 MDI 运行方式。

② 按下系统面板上的程序键，打开程序屏幕。系统会自动显示程序号 O0000，如图 6-3 所示状态。

③ 用程序编辑操作编制一个要执行的程序。

④ 使用光标键，将光标移动到程序头。

⑤ 按循环启动键（指示灯亮），程序开始运行。当执行程序结束语句（M02 或 M30）或者%后，程序自动清除并且运行结束。

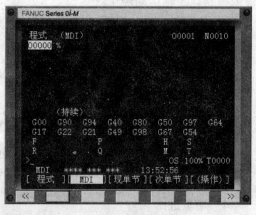
图 6-3 程序显示窗口

4. 停止、中断 MDI 运行

① 停止：如果要中途停止，可以按下循环启动键左侧的进给暂停键，这时机床停止运行，并且循环启动键的指示灯灭、进给暂停指示灯亮。再按循环启动键，就能恢复运行。

② 中断：按下数控系统面板上的复位键，可以中断 MDI 运行。

6.2.4 创建和编辑程序

1. 新建程序

① 按下机床面板上的编辑键，系统处于编辑运行方式。

② 按下系统面板上的程序键，显示程序屏幕。

③ 使用字母和数字键，输入程序号。例如，输入程序号：O0006。

④ 按下系统面板上的插入键。

⑤ 这时程序屏幕上显示新建立的程序名（见图 6-4），接下来可以输入程序内容。

⑥ 在输入到一行程序的结尾时，先按 EOB 键生成"；"，然后再按插入键。这样程序会自动换行，光标出现在下一行的开头。

图 6-4 新建立的程序窗口

2. 从外部导入程序

① 按程序键，单击屏幕下方软键【READ】，弹出另一屏幕，单击【EXEC】，表示确认读入外部程序。

② 从计算机中选择代码存放的文件夹，通过 PCIN 传输软件，单击 "send" 按钮，传入计算机。

③ 待程序传输完毕，按程序键，显示屏上显示该程序。同时该程序名会自动加入到 DRCTRY MEMORY 程序名列表中。

3. 打开目录中的文件

① 在编辑方式下，按程序键。

② 按系统显示屏下方与 DIR 对应的软键（下图中白色光标所指的键）。

③ 显示 DRCTRY MEMORY 程序名列表。例如，在图 6-5 中，我们欲打开 O0100 这个程序。

④ 使用字母和数字键，输入程序名。在输入程序名的同时，系统显示屏下方出现【O 检索】软键（见图 6-6）。

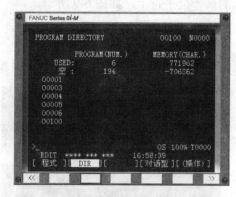

图 6-5　程序名列表窗口

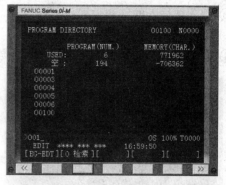

图 6-6　O 检索

⑤ 输完程序名后，按【O 检索】软键。

⑥ 显示屏上显示 O0100 这个程序的程序内容如图 6-7 所示。

4. 编辑程序

下列各项操作均是在编辑状态下、程序被打开的情况下进行的。

（1）字的检索

① 按【操作】软键。

② 按最右侧带有向右箭头的菜单继续键，直到软键中出现【检索】软键。

③ 输入需要检索的字。例如，要检索 M03，则输入 M03。

④ 按检索键。带向下箭头的检索键为从光标所在位置开始向程序后面检索，带向上箭头的检索键为从光标所在位置开始向程序前面进行检索。可以根据需要选择一个检索键。

⑤ 光标找到目标字后，定位在该字上（见图 6-8）。

图 6-7　显示程序内容窗口

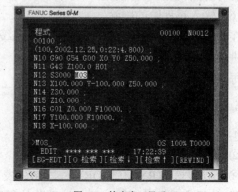

图 6-8　检索窗口显示

（2）跳到程序头

当光标处于程序中间，而需要将其快速返回到程序头，可适用下列两种方法。

方法一：按下复位键，光标即可返回到程序头。

方法二：连续按软键最右侧带向右箭头的菜单继续键，直到软键中出现【Rewind】键。按下该键，光标即可返回到程序头。

（3）字的插入

① 使用光标移动键，将光标移到需要插入的后一位字符上，如图6-9所示。

② 键入要插入的字和数据：X20.。

③ 按下插入键 。

④ 光标所在的字符之前出现新插入的数据，同时光标移到该数据上（见图6-10）。

图6-9 程序字插入窗口显示

图6-10 程序字插入显示

（4）字的替换

① 使用光标移动键，将光标移到需要替换的字符上。

② 键入要替换的字和数据。

③ 按下替换键 。

④ 光标所在的字符被替换，同时光标移到下一个字符上。

（5）字的删除

① 使用光标移动键，将光标移到需要删除的字符上。

② 按下删除键 。

③ 光标所在的字符被删除，同时光标移到被删除字符的下一个字符上。

（6）输入过程中的删除

在输入过程中，即字母或数字还在输入缓存区、没有按插入键 的时候，可以使用取消键来进行删除。

每按一下 ，则删除一个字母或数字。

5. 删除目录中的文件

① 在编辑方式下，按程序键 。

② 按【DIR】软键。

③ 显示 DRCTRY MEMORY 程序名列表。

④ 使用字母和数字键，输入欲删除的程序名。

⑤ 按系统面板上的删除键 ，该程序将从程序名列表中删除。需要注意的是，如果删除的是从计算机中导入的程序，那么这种删除只是将其从当前系统的程序列表中删除，并没有将其从计算机中删除，以后仍然可以通过从外部导入程序的方法再次将其打开和加入列表。

6.2.5　设定和显示数据

1. 设置刀具补偿值

通过基准刀具接触机床上的指定点，设定基准刀具偏置值，然后使被测量的刀具接触到机床上的指定点，取被测量刀具和基准刀具坐标的相对差值作为长度补偿，输入到形状补偿 H 中；取被测量刀具和基准刀具半径的差值作为半径补偿，输入到形状 D 中。而同一把刀具在使用过程中所产生的长度和半径的磨损，则分别输入到磨耗 H 和磨耗 D 中。在程序中可随时调用以上参数。通常情况下，加工过程中最常用的设置就是长度补偿和半径补偿，例如加工中所选 009 号被测量刀具和基准刀具接触机床指定点的坐标差值也就是形状 H 值为-1，刀具补偿值设置方式如下。

① 按下编辑键，进入编辑运行方式。

② 按下偏置/设置键 。

③ 显示工具补正界面。如果显示屏幕上没有显示该界面，可以按【补正】软键打开该界面（见图 6-11）。

④ 我们要设定 009 号刀的形状值为-1.000，可以使用翻页键和光标键将光标移到需要设定刀补的地方。

⑤ 使用数字键输入数值 "-1."。在输入数字键的同时，软键中出现【输入】键（见图 6-12）。

图 6-11　工具补正界面

图 6-12　补正输入显示窗口

⑥ 按输入键 ，或者按软键中的【输入】键。这时该值显示为新输入的数值，如图 6-13 所示。

⑦ 如果要修改输入的值，可以直接输入新值，然后按输入键 或者【输入】软键。也可以输入一个将要加到当前补偿值的值（负值将减小当前的值），然后按下【+输入】软键。

2. 显示和设置工件原点偏移值

① 按下偏置/设置键 。

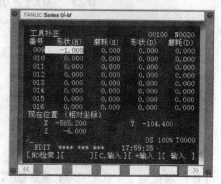

图 6-13　补正输入显示窗口

② 按下【坐标系】软键。

③ 屏幕上显示工件坐标系设定界面（见图 6-14）。该屏幕包含两页，可使用翻页键翻到所需要的页面。

④ 使用光标键将光标移动到想要改变的工件原点偏移值上。例如，要设定 G54 X-180. Y-150. Z-400.，首先将光标移到 G54 的 X 值上（见图 6-15）。

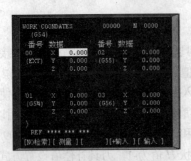

图 6-14 工件坐标系设定界面

图 6-15 零点偏置显示窗口

⑤ 使用数字键输入数值"-180."，然后按下输入键 ■。或者，按菜单继续键直到软键中出现【输入】键，按下该键（见图 6-16）。

⑥ 如果要修改输入的值，可以直接输入新值，然后按输入键 ■ 或者【输入】软键。也可以输入一个将要加到当前值的值（负值将减小当前的值），然后按下【+输入】软键。

⑦ 重复第 5 步和第 6 步，改变另两个偏移值（见图 6-17）。

图 6-16 零点偏置设置窗口

图 6-17 Y、Z 方向零点偏置设置窗口

6.3 数控加工中心的典型零件加工

图 6-18 所示为一典型零件的加工图纸，本节我们将详细介绍一个典型零件的加工过程，使读者通过对典型零件的加工过程，对数控加工中心机床及数控系统的操作过程有一个更为深刻的理解。

6.3.1 加工要求

加工如图 6-18 所示零件。零件材料为 LY12，单件生产。零件毛坯已加工到尺寸。选用设备：装配有 FANUC 0i-M 系统的 XH715D 加工中心。

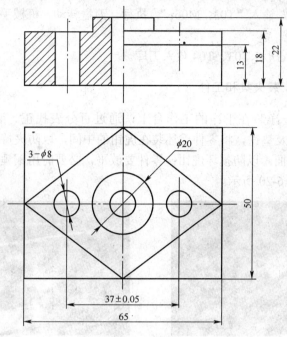

图 6-18 典型零件图

6.3.2 准备工作

加工以前完成相关准备工作，包括工艺分析及工艺路线设计、刀具及夹具的选择、程序编制等。

6.3.3 操作步骤及内容

1. 开机

每次开机，首先回参考点。选择 REF 回参考点模式，分别对 X、Y、Z 三个方向正向回参考点。为了避免主轴和工作台上的夹具发生碰撞，应该先回 Z 方向，待 Z 方向回参考点成功时，再分别回 X、Y 正向（回参考点过程中，必须等待 X、Y、Z 三个方向正向全部回参考点结束后方可进行其他操作）。

2. 刀具准备及安装入库

根据加工要求选择 $\phi20$ 立铣刀、$\phi5$ 中心钻、$\phi8$ 麻花钻各一把，然后用弹簧夹头刀柄装夹 $\phi20$ 立铣刀，刀具号设为 T01，用钻夹头刀柄装夹 $\phi5$ 中心钻、$\phi8$ 麻花钻，刀具号设为 T02、T03，将对刀工具寻边器装在弹簧夹头刀柄上，刀具号设为 T04。

① 采用 MDI 方式，输入 "T01；M06；"，执行，刀盘转动，机械手执行换刀动作。

② 手动方式将 T01 刀具装上主轴。

③ 采用 MDI 方式，输入 "T02；M06；"，执行，刀盘转动，机械手执行换刀动作，刀具 T01 装入刀库。

④ 手动方式将 T02 刀具装上主轴。

⑤ 采用 MDI 方式，输入"T03；M06；"，执行，刀盘转动，机械手执行换刀动作，刀具 T02 装入刀库。

⑥ 按照以上步骤依次将 T03、T04 放入刀库。

3. 清洁工作台，安装夹具和工件

将平口虎钳清理干净装在干净的工作台上；通过百分表找正、装紧平口虎钳（见图 6-19）；清洁平口虎钳及垫铁，将零件毛坯装在虎钳的中间，以防夹持不紧，零件被加工部分应该高于虎钳的上表面，以防损坏虎钳；零件要放平，必要时用铜锤轻轻敲或用百分表找正侧面或上平面，如图 6-20 所示。

图 6-19　百分表找正　　　　　　图 6-20　用平口虎钳装夹好工件毛坯

4. 对刀设定工件坐标系

（1）调用 MDI 方式，输入"T04；M06；"，从刀具库中调出 T4 刀（即寻边器），从而使用寻边器确定 X、Y 向的零偏值，方法如下。

① X 轴分中：将寻边仪装夹到主轴上，然后移动主轴到零件的右侧边（或者左侧边）并相隔一段距离，寻边仪探头保持在工件上表面下方 5～10mm 处，用手轮运动 X 轴以×100 的速度慢慢靠近零件侧边，当接近零件侧边 10mm 时，手轮倍率转换为×10，再慢慢靠近工件。当接近零件侧边 3～5mm 时，手轮倍率转换为×1，这时要缓慢移动工作台，直到寻边仪探头稍微接触到工件侧面，探头指示灯变亮。此时记录下工件 X 方向的机械坐标。然后缓缓升起寻边仪，用同样的方法使探头从另外一侧靠近并接触到工件（见图 6-21），记录下此时 X 方向的机械坐标。取两次机械坐标之和的二分之一，分别输入到刀具偏置 G54、G55、G56 的 X 项中。

图 6-21　用寻边仪确定 X 向零偏值

② Y 轴分中：将寻边仪探头移动到零件的后侧边（或者前侧边）并相隔一段距离，寻边仪探头保持在工件上表面下方 5～10mm 处，用手轮运动 Y 轴以×100 的速度慢慢靠近零件侧

边，当接近零件侧边 10mm 时，手轮倍率转换为×10，再慢慢靠近工件。当接近零件侧边 3～5mm 时，手轮倍率转换为×1，这时要缓缓移动工作台，直到寻边仪探头稍微接触到工件侧面，探头指示灯变亮。此时记录下工件 Y 方向的机械坐标。然后缓缓升起寻边仪，用同样的方法使探头从另外一侧靠近并接触到工件（见图 6-22），记录下此时 Y 方向的机械坐标。取两次机械坐标之和的二分之一，分别输入到刀具偏置 G54、G55、G56 的 Y 项中。

图 6-22　用寻边仪确定 Y 向零偏值

（2）用 Z 向百分表对 Z 方向设置零点偏置值。

在工件上方放置 Z 向百分表，分别从刀具库调用 T1、T2、T3 刀具，摇动手轮使刀具缓缓接近深度仪百分表，直至接触并发现深度仪百分表读数有微小变化，记录此时 Z 向机械坐标和深度仪百分表读数（见图 6-23），取差值作为 Z 向机械坐标原点，分别将三把刀不同数值输入到刀具偏置 G54、G55、G56 的 Z 项中。

图 6-23　用寻边仪确定 Z 向零偏值

5. 输入并打开加工程序

将计算机生成好的加工程序通过数据线传输到机床数控系统的内存中。

6. 调试加工程序

把工件坐标系的 Z 值沿+Z 向平移 100mm，通过 ▣ 键选择自动模式，先按下单段运行键 ▣，通过进给倍律旋钮 ⟳ 适当降低进给速度，再按下数控启动键 ▢，启动并运行程序，检查程序运行过程中刀具运动轨迹是否正确，如果轨迹正确无误，可进行下面自动加工过程。

7. 自动加工

把工件坐标系的 Z 值恢复原值，将进给倍率开关打到低档，通过 ▣ 键选择自动模式，按下数控启动键 ▢ 运行程序，开始进行加工。机床加工时，适当调整主轴转速和进给速度，并注意监控加工状态，保证加工正常，直到零件完整加工完毕为止。

8. 加工完成，尺寸检测

当零件加工完毕，取下工件，用游标卡尺进行尺寸检测，看零件是否符合图纸要求。

9. 清理加工现场

10. 关机

操作实训题

在数控加工中心上完成图 6-24 所示零件的加工，并对零件进行精度检验，拟写实验报告。

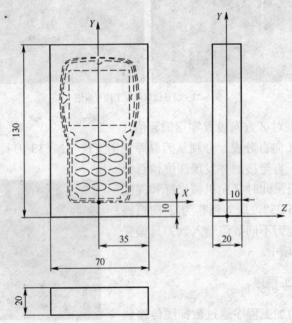

图 6-24 实训题零件图

说明：

① 加工所需刀具：

直径 8 毫米键槽铣刀 1 支，工作长度大于 15 毫米；

直径 4 毫米键槽铣刀 1 支，工作长度大于 12 毫米；

直径 2 毫米钻头 1 支，工作长度大于 15 毫米。

② 加工所需程序：

针对加工过程要求，通过 MasterCAM 软件自动生成 1 条加工中心程序，适用于 XH715D 数控加工中心。

③ 加工过程包括：

夹具的安装和找正；

刀具的装夹，入库；

对刀及刀具偏置参数的输入；

外部程序输入系统。

④ 毛坯为硬铝，尺寸 130mm×70mm×30mm；对刀原点位置如图 6-24 所示。

第 7 章　数控电火花线切割编程与操作

7.1　数控电火花加工

7.1.1　产生和发展

电火花加工（Electrical Discharge Machining，EDM）是利用正负电极间脉冲放电时的电腐蚀现象对材料进行加工的，又称为放电加工、电蚀加工、电脉冲加工等。是一种利用电、热能量进行加工的方法，是在 20 世纪 40 年代开始研究和逐步应用到生产中的。

早在 20 世纪初，前苏联科学家 Б.Р.拉扎连柯发现，插头或电器开关触点在闭合或断开时，会发生电火花烧蚀现象，经过反复试验，他终于发明了电火花技术，将电火花烧蚀转化成一种有益的全新加工方法。首次将电腐蚀原理运用到生产制造领域。电器触点电腐蚀后的形貌是随机的，没有确定的尺寸和公差。要使电腐蚀原理运用尺寸加工，必须解决如下的几个问题。

① 适当的加工间隙，即保持工具电极和工件电极之间的合适距离，以便能产生持续的火花放电，以及有利于电蚀产物的排除。对放电间隙的有效控制，是电火花加工的一个重要方面。

② 保证脉冲型放电，使放电在极短的时间内完成，以避免弧光放电。为此，加工电源输出的必须是脉冲电压。放电时间短的另一个优点是，放电热量的作用范围小，使工件热影响层较浅。

③ 提供足够高的放电能量，使被加工材料能局部熔化或汽化，从而达到加工目的。火花放电通道的电流密度很高，可达 $10^5 \sim 10^6 A/cm^2$。所以，必须具有足够大的峰值电流，才能维持放电通道。

④ 电蚀产物能及时从加工点排除，使后续放电能够顺利进行。在电火花放电时，强大的爆炸力和介质的气化，有利于电蚀产物的排除；采用合适的加工间隙和辅助工艺措施，也有利于电蚀产物的排除。

⑤ 脉冲放电需重复多次进行，连续的多次放电不能集中在同一区域，即脉冲放电在时间上和空间上需是分散的，从而避免发生弧光放电，避免造成烧伤工件或电极。

⑥ 在两电极之间，常充有工作介质，以起到压缩放电通道、消电离、冷却等作用。对于不同的电火花加工，采用不同的工作介质。

解决上述问题的方法是：使用脉冲电源和放电间隙自动进给控制系统，在具有一定绝缘强度和一定粘度的电介质中进行放电加工。

7.1.2 电火花加工的特点及应用

正常电火花加工过程中，工具电极与工件并不直接接触，工件材料靠放电产生的瞬时高温蚀除，工件的加工性能主要取决于其材料的导电性及热学特性（如熔点、沸点、比热容、电阻率等），而与工件材料的力学特性（硬度、强度等）几乎无关。因此，对于常规机械加工十分困难的超硬材料（如聚晶金刚石、立方氮化硼、硬质合金等）采用电火花加工工艺，具有很大的技术优势。

① 适用于高温合金、钛合金、硬质合金及聚金金刚石等导电、难加工的材料。由于电火花加工是靠脉冲放电的热能去除材料，材料的可加工性主要取决于材料的热学特性，而几乎与其力学性能无关，这样就能以柔克刚，可以实现用软的工具加工硬韧的工件。尤其是 IC 行业，近年来使用的多工位硬质合金精密跳步冲裁模具与封装模具等，电火花加工已经成为加工此类精密模具的主要手段。

② 适于无法采用刀具切削或切削加工十分困难的场合。由于加工中工具电极和工件不直接接触，没有机械加工的切削力，因此适宜加工薄壁工件的复杂外形，异形孔以及形状复杂的型腔模具、弯曲孔等。其最小内凹圆角半径可达到电火花加工能得到的最小放电间隙（通常为 0.02～0.3mm）。

③ 脉冲参数可以在一个较大的范围内调节，可以在同一台机床上连续进行粗加工、半精加及精加工。精加工时精度一般为 0.01mm，表面粗糙度为 $R_a0.63～1.25\mu m$；微细加工时精度可达 0.002～0.004mm，表面粗糙度为 $R_a0.04～0.16\mu m$。

④ 直接利用电能进行加工，加工时几乎没有大的作用力，便于实现自动化或无人化操作。

⑤ 由于电火花放电时，工件与电极均会被蚀除，因此电极的损耗对加工形状及尺寸精度的影响比切削对刀具的影响大。

现代制造业中，电火花加工工艺是切削加工工艺的补充手段之一。由于电火花加工时工件材料是靠火花放电予以蚀除，加工速度相对切削加工而言是很低的，所以，为了提高生产率，降低生产成本，能够采用切削加工时，就尽可能不要用电火花加工工艺。

7.1.3 电火花加工的分类

根据电火花加工过程中工具电极与工件相对运动方式和主要加工用途的不同，加工工艺大致可以分成：电火花成型穿孔加工、电火花线切割加工、电火花磨削加工、电火花高速小孔加工、电火花表面加工、电火花复合加工等类，如图 7-1 所示。而就应用的广泛性而言，

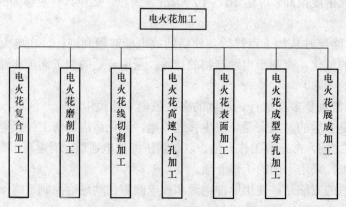

图 7-1 电火花加工的分类

电火花成型穿孔加工和电火花线切割加工约占电火花加工的 90%左右。

7.1.4　电火花加工的应用前景

随着现代制造技术的发展，传统切削加工工艺也有了长足进步，机床的精度与刚度也大大提高，再配上精密超硬材料刀具，切削加工的加工范围，加工速度与加工精度均有了大幅提高。

面对现代制造业的快速发展，电火花加工技术不应该与切削加工去争夺市场，而是应扬长避短，抓住切削工具难以加工的超硬材料工艺研究。例如研究硬质合金、聚晶金刚石以及其他新研制的难切削材料的电火花加工工艺，在这一领域，切削加工难以涉足，是电加工的最佳研究开发领域。另外一个应用方面是精密模具及精密微细加工。例如 IC 整体硬质合金凹模，切削加工几乎难以进行，只有采用分体拼镶方式，但却难以满足工件需要，用精密线切割加工正好发挥电加工的优势；对于精密模具与零件，大面积，大余量部位的材料去除是切削加工的强项，待其将大部分余量去除后，采用电火花加工作为其补充手段，由于此时加工余量小，切削刀具又难以满足工件加工要求，有的部分甚至无法使用刀具加工，采用电火花加工工艺对工件的边边角角要求精密的部位进行补充加工，可获得较高的经济效益。微精加工是切削加工的一大难题，而电火花加工由于作用力小，对加工微细零件非常有利。

随着计算技术的快速发展，人们将以往的成功工艺经验进行归纳总结，建立数据库，开发出专家系统，使电火花成型穿孔加工及线切割的控制水平及自动化，智能化程度大大提高。新型脉冲电源的不断研究开发。使电极损耗大幅降低，再辅以低耗新型电极材料的研究开发，有望将电火花成型加工的成型精度及线切割加工的精度再提高一个数量级，达到亚微米级，使电火花加工技术在精密微细加工领域可进一步扩大其应用范围。

7.2　数控线切割加工

7.2.1　概述

电火花线切割加工是指在工具电极（电极丝）和工件间施加脉冲电压，使电压击穿间隙产生火花放电的一种加工方式。电火花线切割机床加工是在电火花成型加工的基础上发展起来的，最初的名称为线状电极电火花切割机床加工，是与片状电极电火花切割机床加工，带状电极电火花切割机床加工和盘状电极电火花切割机床加工并列相称的，如图 7-2 所示。是一种不用事先制备专用工具电极而采用通用电极的电火花加工方法。但后来电火花线切割加工机床以其特有的生命力迅速在全世界得到应用和普及，成为全世界拥有量最多的电加工机床。

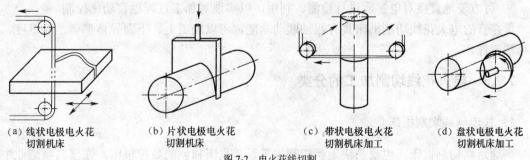

(a) 线状电极电火花
　切割机床

(b) 片状电极电火花
　切割机床

(c) 带状电极电火花
　切割机床加工

(d) 盘状电极电火花
　切割机床加工

图 7-2　电火花线切割

电火花线切割机床的基本组成如图 7-3 所示。

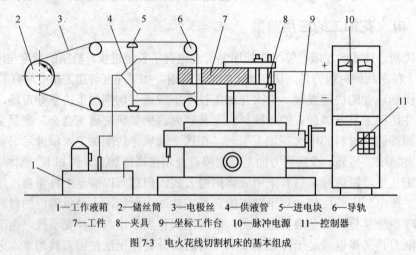

1—工作液箱　2—储丝筒　3—电极丝　4—供液管　5—进电块　6—导轨
7—工件　8—夹具　9—坐标工作台　10—脉冲电源　11—控制器

图 7-3　电火花线切割机床的基本组成

7.2.2　电火花线切割加工方法的特点

因为线状工具转折非常灵活，若能利用线状工具对材料进行去除加工，只要操作（或控制）得法，就可以得到直线，圆弧等各种曲线形状。把这一原理应用于电火花加工，就得到了线电极（金属电极丝）切割方式，只要有效地控制电极丝相对于工件的运动轨迹和速度，就能切割出一定形状和尺寸的工件。这种加工方法具有一系列优点。

① 工具电极简单，与电火花成型加工相比，它不需制造特定形状的电极，省去了成型电极的设计和制造，缩短了生产准备时间，加工周期短。

② 结合数控技术，可以加工出形状复杂的零件，加上锥度功能，可得到上下异形的工件。

③ 由于采用的是电蚀加工原理，故易于对诸如淬火钢、硬质合金，以及非金属结构陶瓷等难切削材料进行加工。

④ 电火花线切割加工是用电极丝作为工具电极与工件之间产生火花放电对工件进行切割加工，由于电极丝的直径比较小，在加工过程中总的材料蚀除量比较小，所以使用电火花线切割加工比较节省材料，特别在加工贵重材料时，能有效地节约贵重的材料，提高材料的利用率。

⑤ 电火花线切割在加工过程中的工作液一般为水基液或去离子水，因此不必担心发生火灾，可以实现安全无人加工。

⑥ 现在电火花线切割机床一般都是依靠微型计算机来控制电极丝的轨迹和间隙补偿功能，所以在加工凸模时，它们的配合间隙可任意调节。

⑦ 可方便地直接对电参数进行检测、利用，以实现对加工过程地自动化控制。

现在有的电火花线切割机床具有四轴联动功能，可以加工上、下面导体形体、变锥度、球形等零件。

7.2.3　电火花线切割加工的分类

1. 快走丝线切割机床

高速走丝切割机床，也就是快走丝切割加工，是我国独创的数控机床，在模具制造业中发挥着重要的作用，由于高速走丝有利于改善排屑条件，适合大厚度和大电流高速切割，加工性能价格比优异。高速走丝线切割机的电极丝通常采用 $\phi 0.10 \sim 0.28mm$ 的钼丝，其他电极丝还有钨钼丝等，其走丝速度一般为 $7 \sim 13m/s$，运丝电动机的额定转速通常是不变的。

而随着技术的发展和加工的需要，快走丝数控线切割机床的工艺水平日趋提升，锥度切削范围超过 $60°$，最大切割速度达到 $100 \sim 150mm^2/min$，加工精度控制在 $0.01 \sim 0.02mm$ 范围内，加工零件的表面粗糙度 $R_a 1.25\mu m$。

2. 慢走丝线切割机床

一般把走丝速度低于 $15m/min$（$0.25m/s$）的线切割加工称为低走丝线切割加工，也叫慢走丝线切割加工。实现这种加工的机床就是低走丝线切割机床，低速走丝线切割机床的电极丝作单向运动，常用的电极丝有 $\phi 0.02 \sim 0.36mm$ 的黄铜或渗锌铜丝、合金丝等，有多种规格的电极丝以备灵活选用。

国内的慢走丝线切割机床目前主要是进口设备，大多数为瑞士和日本公司的产品，这些慢走丝线切割机床在生产中承担着精密模具、凹凸模具及一些精密零件的加工任务。其最佳加工精度可稳定达到 $+/-2\mu m$，在特定的条件下甚至可以加工出 $+/-1\mu m$ 精度的模具。

慢走丝线切割机床由于电极丝移动平稳，易获得较高加工精度和较低的表面粗糙度，适合于精密模具和高精度零件加工。

数控快、慢走丝线切割机床在机床方面和加工工艺水平方面的主要区别如表 7-1 和表 7-2 所示。

表 7-1 　　　　　数控快、慢走丝切割机床的主要区别

比 较 项 目	数控快走丝线切割机床	数控慢走丝线切割机床
走丝速度（m/s）	常用值 8～12	常用值 0.03～0.2
电极丝工作状态	往复供丝，反复使用	单向运行，一次性使用
电极丝材料	钼、钨钼合金	贡铜、铜、以铜为主体的合金或镀覆材料、钼丝
电极丝直径（mm）	0.03～0.25，常用值 0.12～0.20	0.03～0.30，常用值 0.20，0.25
单面放电间隙（mm）	0.01～0.03	0.01～0.12
工作液	乳化液或水基工作液等	去离子水，有的场合用煤油
机床价格	便宜	昂贵

表 7-2 　　　　　数控快、慢走丝线切割机床的加工工艺水平比较

比 较 项 目	数控快走丝线切割机床	数控慢走丝线切割机床
最高切割速度（mm²/min）	300	300
加工精度（mm）	±0.01	±0.005
表面粗糙度（R_a/μm）	1.6～3.2	0.1～1.6

7.2.4 电火花线切割机床的加工设备

1. 线切割机床的型号

根据 JB/T 7445.2—1998 机械行业标准，火花线切割机床型号编制方法见表 7-3。

表 7-3　　　　　　　　　　　**电火花线切割机床的编制方法**

第一部分（字母）	第二部分（字母）	第三部分（数字）	第四部分（数字）	第五部分（两位数字）
D 电火花加工机床	K 数控 F 仿形 M 精密 QT 其他	7 电火花成型穿孔线切割类	7 快速往复走丝 6 慢速单向走丝	横向行程，如 DK7725 为横向行程 250mm 的数控电火花线切割机床
			1 电火花成型 0 电火花穿孔	
标准行程： 160×200　200×250　250×320　320×400　400×500　500×630　630×800　800×1000				

机床型号由汉语拼音字母和阿拉伯数字组成，它表示机床的类别，特性和基本参数。现以型号为 DK7732 的数控电火花机床为例，对其型号中各字母与数字的含义解释如下：

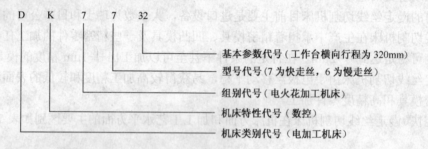

2. 数控电火花线切割机床的主要技术参数

数控电火花线切割机床的主要技术参数包括工作台行程（纵向行程×横向行程）、最大切割厚度、加工表面粗糙度、加工精度、切割速度以及数控系统的控制功能等。

DK77 系列数控电火花线切割机床的主要型号及技术参数如表 7-4 所示。

表 7-4　　　　　　　　　**电火花切割机参数（JB/T 7445.2—1998）**

	横向行程（mm）	100		125		160		200		250		320		400		500		630	
工作台	纵向行程（mm）	125	160	160	200	200	250	250	320	320	400	400	500	500	630	630	800	800	1000
	最大承载重量（kg）	10	15	20	25	40	50	60	80	120	160	200	250	320	500	630	960	1200	
工件尺寸	最大宽度（mm）	125		160		200		250		320		400		500		630		800	
	最大长度（mm）	200	250	250	320	320	400	400	500	500	630	630	800	800	1000	1000	1250	1250	1600
	最大切割厚度（mm）	40 60 80 100 120 180 200 250 300 350 400 450 500 550 600																	
最大切割锥度（°）		0 3 6 9 12 15 18（18 以上，每档间隔增加 6）																	

7.2.5　线切割加工机床结构

线切割机床由机械和电气两大部分组成，机械部分是基础，其精度直接影响到机床的工作精度，也影响到电气性能的充分发挥。机械系统由机床床身、坐标工作台、走丝机构、润滑系统等组成，另外还有工作液系统。

图 7-4 所示为高速走丝线切割加工设备的结构组成。

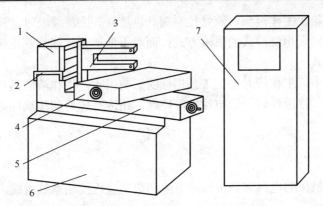

1—卷丝筒　2—走丝溜板　3—丝架　4—上滑板　5—下滑板　6—床身　7—电源，控制柜

图 7-4　高速走丝线切割加工设备的结构简图

1. 机械部分

机械部分由床身、坐标工作台、运丝机构、丝架、工件液循环系统等几部分组成。

（1）床身

床身是坐标工作台、动丝机构、丝架的支撑和固定基础，应有足够的刚度和强度，一般采用箱体式结构

（2）坐标工作台

目前在电火花线切割机床上采用的坐标工件台，大多为 X、Y 方向线性运动。坐标工件台的滑板是沿着导轨往复移动的，对导轨的精度、刚度、耐磨性等主要特性有较高的要求。导轨还应使滑板运动灵活、平稳。

（3）运丝机构

在电火花线切割加工时，电极丝是不断移动的，这个动作是由运丝机构完成的。高速直丝运丝机构由储丝筒组件、上下滑板、齿轮副、丝杠副、换向装置等部分组成。储丝筒通过联轴器与驱动电动机相连。电动机通过换向装置作正反向交替运转。

低速走丝线切割机床通常带有靠高压水射流冲刷引导的自动穿丝机构，能使电极丝经过一个导向器穿过工件上的穿丝孔。被传送到另一个导向器，在必要时能自动切断。

（4）丝架

丝架有固定式、升降式和偏移式等类型。丝架与运丝机构组成了电极丝的运动系统。丝架的主要作用是在电极丝移动时对其起支撑作用，并使电极丝工作部分与工作台面保持一定的角度。丝架应有足够的刚度和强度，工作时不应出现振动和变形。图 7-5 所示为高速运丝系统示意图。

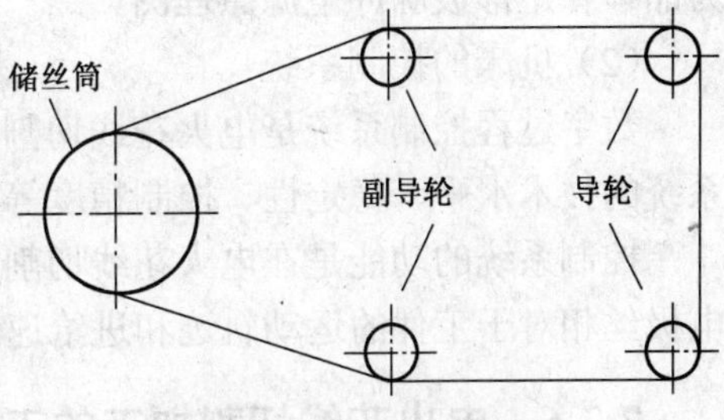

图 7-5　高速运丝系统示意图

（5）工作液及其循环过滤系统

在电火花线切割加工过程中，需要稳定地供给有一定绝缘性能的工作介质，以冷却电极丝和工件，排除电蚀产物等，保证火花放电的持续稳定进行。一般线切割机床的工作液循环

系统包括：工作液箱、工作液泵、流量控制阀、进液管、回流管及过滤网罩等。对于高速走丝线切割机床，通常采用浇注式的供液方式；而对于低速走丝线切割机床，近年来有些已采用浸泡式的供液方式。

在线切割加工中，工作液对加工工艺指标的影响很大，工作液应具有一定的介电能力、较好的消电离能力、渗透性好、稳定性好等特性，还应有较好的洗涤性能、防腐蚀性能、对人体无危害。

2．电气部分

电火花线切割机床的电气部分由脉冲电源和数字过程控制系统组成。

（1）脉冲电源

电火花线切割机床的脉冲电源通常又叫高频电源，是数控电火花线切割机床的主要组成部分，也是影响线切割加工工艺指标的主要因素之一。

电火花线切割脉冲电源的原理与电火花成型加工脉冲电源是一样的，只是由于加工条件和加工要求不同，对其又有特殊的要求。电火花线切割加工属于中、精加工，往往采用某一规准将工件一次加工成型。因此，对加工精度，表面粗糙度和切割速度等工艺指标有较高的要求。

受电极丝直径的限制（一般在 0.08～0.25mm），脉冲电源的脉冲峰值电流不能太大。与此相反，由于工件具有一定的厚度，欲维持稳定加工，放电峰值电流又不能太小，否则加工将不稳定或者根本无法加工，放电峰值电流一般在 5～25A 范围内变化。为获得较高的加工精度和较小的表面粗糙度值，应控制单个脉冲能量，或减小脉冲宽度，一般在 0.5～64μs。所以，线切割加工总是采用正极性加工方式。

线切割脉冲电源是由脉冲发生器、推动级、功放及直流电源四部分组成的。脉冲电源的形式和品种很多，主要有晶体管脉冲电源、高频分组脉冲电源、并联电容型脉冲电源等。目前电火花线切割机床使用的高频脉冲电源，主要是晶体管脉冲电源。图 7-6 所示为晶体管矩形波脉冲电源原理图。

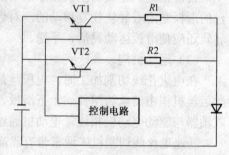

图 7-6　晶体管矩形波脉冲电源原理图

（2）机床的控制系统

数字过程控制系统是电火花线切割机床的重要组成部分，是机床工作的指挥中心。控制系统的技术水平、稳定性、控制精度等直接影响工件的加工工艺指标。

控制系统的功能是在电火花线切割加工过程中，根据工件的形状和尺寸要求。自动控制电极丝相对于工件的运动轨迹和进给速度，实现对工件的开头和尺寸加工。

7.2.6　电火花线切割加工的工艺规律

一般电火花线切割机床操作者常遇到的问题是如何选择合适的工艺参数，解决诸如加工速度与光洁程度的矛盾，提高加工速度与减小电极丝损耗的矛盾，光洁程度不高的原因，如何避免和减少断丝等问题，首先要解决对于电火花线切割一般工艺规律的认识，了解一些电火花线切割的关键特性。

1. 电火花切割加工的厚度效应

对于某一组电参数，对应加工件的厚度变化，则加工速度在某一厚度呈最大值，如图 7-7 所示。

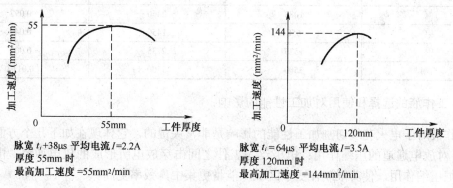

脉宽 t_i +38μs 平均电流 I =2.2A
厚度 55mm 时
最高加工速度 =55mm²/min

脉宽 t_i =64μs 平均电流 I =3.5A
厚度 120mm 时
最高加工速度 =144mm²/min

图 7-7 电火花切割加工的厚度效应

2. 电火花线切割加工的极性效应

在电火花线切割加工中，存在的接法不同\蚀除量或加工速度也不同的现象，称为极性效应。实验表明，60～100μs 以下采用正极性接法（即工件接脉冲电源的输出正极），电极丝损耗较小，而且加工速度高，电火花线切割脉冲宽度一般小于 100μs，所以一般选择正极性接法。

3. 单个脉冲能量对于加工速度和工件表面粗糙度的影响

实验表明，电火花线切割加工中无论是单个脉冲的材料蚀除量还是单位时间的总材料蚀除量都是与其脉冲能量是成正比的，而单个脉冲能量是由多种因素影响的：以矩形波电源为例，脉冲宽度，脉冲峰值电流对加工速度的影响较大，而脉冲空载电压的变化由于火花放电间隙的负阻特性，击穿后的火花维持电压为 20～23V 的常量，故对单个脉冲能量的影响很小。所以单个脉冲能量主要是通过选择脉冲宽度和脉冲电流来实现的。

4. 脉冲频率的影响

如前所述，决定单个脉冲能量的脉冲宽度和加工电流的改变，将对加工速度和表面粗糙度的变化产生作用。而改变脉冲频率对加工速度产生的影响，对表面粗糙度产生的影响很小（在脉冲不变时）；而由于脉冲频率的改变，使单位时间内的脉冲个数有所改变，从而使平均电流发生变化，也就使加工速度发生变化，即脉冲频率提高，平均电流增大，加工速度提高。但要注意脉冲频率的改变不是无限制的。改变脉冲频率而使脉冲间歇缩小时，其脉冲间歇比一般不要大于 25%，否则将引起放电间隙状况恶化，造成断丝。

5. 加工工件材料物理特性的影响

不同金属材料由于材质不同，其物理参数特性（见表 7-5）也有所不同，其中金属的熔点，沸点和导热系数对于电火花加工的过程影响较大。一种金属材料的熔点沸点越高，越难加工；材料导热系数越大，热量损失越大，加工效率越低。

表 7-5 常用金属材料相关物理参数

材　　料	熔点（℃）	沸点（℃）	导热系数（kcal/m·s·℃）
钨	3380	4830	0.036
铜	1083	2360	0.092
铝	658	1450	0.049
钢	1527	2735	0.008
石墨	3500	3700	0.0117

6. 工作液的选择和使用对加工性能的影响

工作液对于电火花线切割加工性能的影响是非常关键的，它体现在如下几个方面。

① 对放电通道的压缩作用：电极丝与工件之间击穿放电所形成的放电通道，由于工作液的阻尼压缩作用，使其限制在更小区域，能量更集中，效率更高。

② 对电极工件的冷却降温作用：对于工件电极表面及热传导导致的深层热量及时冷却降温，恢复原始状态，以避免焦耳热温升使电极丝产生热疲劳导致断丝；以避免工件热量积累传导，使工件本身及机床床身热变形。

③ 对放电区域的消电离作用：一个脉冲产生的放电过程结束以后。随后的脉冲间歇就是要保证放电区充分地消电离，恢复相对绝缘（或称电阻态）。一种好的线切割工作液可以迅速渗入放电区，利用其良好的消电离作用，使间隙迅速恢复放电前状态。

④ 对于放电产物的清除作用：放电加工区的电蚀产物的体积分布非常不均匀，约等于一至几立方微米。放电结束后，必须迅速清理放电区域，清除电蚀产物，恢复相对绝缘状态，防止导电屑沉积于加工区，在下一个脉冲到来时造成两极短路或局部烧伤。

7.3　数控线切割加工实训

7.3.1　数控线切割机床基本操作步骤

1. 基本操作方法

在对零件进行线切割加工时，必须准确地确定工艺路线和切割程序，包括对图纸的审核及分析，加工前的工艺准备和工件的装夹，程序的编制，加工参数的设定和调整，以及检验等步骤。一般工作过程如下。

分析零件图→确定装夹位置及走刀路线→编制程序、传输程序→检查机床、调试工作液、找正电极丝→装夹工件并找正→调节电参数、形参数→切割零件→检验。

分析零件图应着重考虑工件材料性质、尺寸大小、厚度等是否满足线切割工艺条件，同时考虑所要求达到的加工精度。

确定装夹位置及走刀路线：装夹位置要合理，防止工件翘起或低头；切割点应取在图形的拐角处，或在容易将突尖修去的部位。走刀路线要防止或减少零件的变形，一般选择靠近装夹位置那一边的图形最后切割。

编制程序单：生成代码程序后一定要校核代码，仔细检查图形尺寸。

调试机床：调整电极丝的垂直度及张力，调整电参数，必要时试切检验。

2. 注意事项

① 电火花线切割加工与电火花成型加工原理是一样的，但加工电流较小，并且使用乳化液工作液，一般情况下不会发生火灾，而且也基本没有废气产生，因此，主要是注意电气安全。电火花线切割加工也是直接利用电能使金属蚀除的工艺，使用的机床及电源上设有强电及弱电回路，除有与一般机床相同的用电安全要求外，对接地、绝缘、稳压还有一些特殊需求。

② 为防止人员触电电源（或控制柜）外壳、油箱外壳要妥善接地，这样做还能起到抗干扰、电磁屏蔽的作用。

③ 加工中，禁止用手直接接触加工区任何金属物体，调整冲液装置必须停机进行，保障操作人员及电极、工件的安全、不在工作箱内放置不必要或暂不使用的物品，防止意外短路。

④ 稳压电源进线加装稳压及滤波环节，提高抗干扰能力，减少对外电磁污染。

⑤ 加工时人不能离开机床，随时注意工作液是否溢出。

⑥ 装卸工件时特别小心，避免碰断电极丝。

7.3.2　线切割基本编程方法

数控线切割加工机床的控制系统是根据人的"命令"控制机床进行加工的。必须先将要加工工件的图形用线切割控制系统所能接受的"语言"编好"命令"，输入控制系统（控制器），这种"命令"就是线切割加工程序。

线切割编程方法分为手工编程和微机自动编程。手工编程能使操作者比较清楚地了解编程所需要进行的各种计算和编程过程，但计算工作比较繁杂。近年来由于微机的快速发展，线切割加工的编程目前普遍采用微机自动编程。

高速走丝切割机床一般采用 B 代码格式，而低速走丝线切割机床通常采用国际上通用的 G 代码格式。为了进行国际交流和实现标准化，目前我国生产的线切割控制系统也逐步采用 G 代码。

1. 3B 编程介绍

（1）3B 程序格式及编写 3B 程序的方法

3B 程序格式如表 7-6 所示。表中的 B 叫分隔符，它在程序单上起着把 X、Y 和 J 数值分隔开的作用。当程序输入控制器时，读入第一个 B 后，它使控制器做好接受 X 坐标值的准备，主动读入第二个 B 后做好接受 Y 坐标值的准备，读入第三个 B 后做好接受 J 值的准备。加工圆弧时，程序中的 X、Y 必须是圆弧起点对其圆心的坐标值。加工斜线时，程序中的 X，Y 必须是该斜线段对其起点的坐标值。斜线段程序中的 X，Y 值允许把它们同时缩小相同的倍数，只要其比值保持不变即可。对于与坐标轴重合的线段，在其程序中的 X 或 Y 值，均不必写出 0。

表 7-6   3B 代码一览表

分隔符		分隔符		分隔符	计数长度	计数方向	加工指令		
B	X	B	Y	B	J	G	Z		
	直线为终点坐标		直线为终点坐标		计数方向轴坐标投影	GX GY 直线计数方向看终点坐标 $\|X\| \geqslant \|Y\| \to GX$ $\|Y\| \geqslant \|X\| \to GY$	L1 0°≤α<90°	SR1	顺圆
							L2 90°≤α<180°	SR2	
							L3 180°≤α<270°	SR3	
							L4 270°≤α<360°	SR4	
	圆弧为起点坐标		圆弧为起点坐标		计数方向方向轴投影和	GX GY 圆弧计数方向看终点坐标 $\|X\| \geqslant \|Y\| \to GY$ $\|Y\| \geqslant \|X\| \to GX$	直线加工指令看终点坐标所在象限，α为直线倾角	NR1	逆圆
								NR2	
							圆弧加工指令看起点坐标所在的象限	NR3	
								NR4	

（2）计数方向 G 和计数长度 J 计数方向 G 及其选择

为了保证的所要加工的圆弧或直线段能按要求的长度加工出来，一般线切割加工机床是通过控制从起点到终点某个滑板进给的总长度来实现的。因此，在计算器中设置一个 J 计数器进行计数。即将加工该线段的滑板进给总长度 J 的数值，预先置入 J 计数器中，加工时被确定为计数长度这个坐标的滑板每进给一步，J 计数器就减 1。这样，当 J 计数器减到零时，则表示该圆弧或直线段已加工到终点。在 X 和 Y 两个坐标中用哪一个坐标作计数长度，要根据计数方向的选择而定。

加工时，必须用进给距离比较长的一个方向作进给长度控制。若线段的终点为 A(X_e,Y_e)，当 $|Y_e|>|X_e|$ 时，计数方向取 G_Y；当 $|Y_e|<|X_e|$ 时，计数方向取 G_X，当 $|Y_e|=|X_e|$ 时，理论上应该是在插补运算加工过程中，最后一步走的是哪个坐标，则取该坐标为计数方向。从这个观点来考虑，直线在 I，III 象限应取 G_Y，而在 II，IV 象限应取 G_X，才能保证加工到终点。

圆弧计数方向的选取，应根据圆弧终点的情况而定。从理论上来分析，应该是当加工圆弧到达终点时，走最后一步的是哪个坐标，就应选该坐标作计数方向，若圆弧终点坐标为 B(X_e,Y_e)，当 $|Y_e|>|X_e|$ 时，计数方向取 G_X，当 $|Y_e|<|X_e|$ 时，计数方向取 G_Y；当 $|Y_e|=|X_e|$ 时，不易准确分析，按习惯任取。

计数长度 J 的确定：当计数方向确定后，计数长度 J 应取计数方向从起点到终点滑板移动的总距离，即圆弧或直线段在计数方向坐标轴上投影长度的总和。

（3）加工指令 Z

Z 是加工指令的总称，共分为 12 种。其中圆弧加工指令有 8 种，直线加工指令有 4 种。如图 7-8 所示。

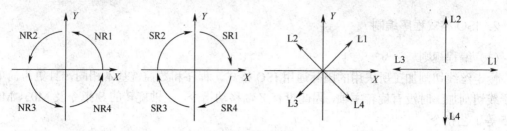

图 7-8　加工指令 Z

SR 表示顺圆，NR 表示逆圆，字线后面的数字表示该圆弧起点所在象限，例如，SR1 表示顺圆弧，其起点在第一象限。对于直线段的加工指令用 L 表示，L 后面的数字表示该直线段所在的象限。对于与坐标轴重合的直线段，正 X 轴为 L1，正 Y 轴为 L2，负 X 轴为 L3，负 Y 轴为 L4。

（4）零件编程实例

在线切割程序中，X、Y 和 J 的值用微米表示，手工编程时，应将工件的加工图形分解成若干圆弧与直线段，然后逐段编写程序。例如，对图 7-9 所示的零件进行编程，该工件由三段直线和一段圆弧组成，需要分成 4 段来编写程序。

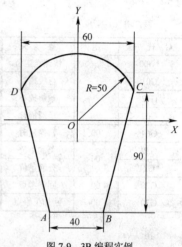

图 7-9　3B 编程实例

① 加工直线段 AB，以起点 A 为坐标原点，AB 与 X 轴重合，程序为：

B40000BB40000G_X L1

② 加工斜线段 BC，以 B 点为坐标原点，则 C 点对 B 点的坐标为 X=10mm，Y=90mm，程序为：

B1B9B90000 G_Y L1

③ 加工圆弧 CD，以该圆弧圆心 O 为坐标原点，经计算，圆弧起点 C 对圆心 O 点的坐标为：X=30mm，Y=40mm，程序为：

B30000B40000B60000 G_XNR1

④ 加工斜线段 DA，以 D 点为坐标原点，终点 A 对 D 点坐标为 X=10mm，Y=-90mm，程序为：

B1B9B90000 G_Y L4

加工整个工件的程序单如表 7-7 所示。

表 7-7　　　　　　　　　　　　　　　　　加工程序单

程序	B	X	B	Y	B	J	G	Z
1	B	40000	B		B	40000	GX	L1
2	B	1	B	9	B	90000	GY	L1
3	B	30000	B	40000	B	60000	GX	NR1
4	B	1	B	9	B	90000	GY	L4
5	D							

2. ISO 格式程序编制

（1）编程规则

慢走丝线切割加工所采用的国际通用 ISO 格式，程序和数控铣基本相同，且更为简单。由于线切割加工时没有旋转主轴，因此没有 Z 轴移动指令、主轴旋转的 S 指令及 M03、M04、M05 等工艺指令。

DK7625 型慢走丝线切割机床采用 FANUC-6M 数控系统，常用 G 功能和 M 功能指令如表 7-8 所示。

表 7-8　　　　　　　　　　常用 G 代码与 M 代码

G 代 码	组	意　义	G 代 码	组	意　义	M 代 码	意　义
*G00		快速点定位	*G40		刀补取消	M00	进给暂停
G01	01	直线插补	G41	07	左刀补	M01	条件暂停
G02		顺圆插补	G42		右刀补	M02	程序结束
G03		逆圆插补	*G50		丝倾斜取消	M30	程序结束并复位
G04	00	暂停延时	G51	08	丝倾斜左	M40	放电加工 OFF
G20	06	英制单位	G52		丝倾斜右	M80	放电加工 ON
*G21		公制单位	*G90	03	绝对坐标编程	M98	子程序调用
G28	00	回参考点	G91		增量坐标编程	M99	子程序结束并返回
G30	00	回加工原点	G92	00	工件坐标系指定		

注意：

① 在圆弧插补指令中，有关圆心坐标的信息只可用 I、J 格式，R 代码已被用于锥度加工中表示转角半径的信息，而不再是表达圆弧插补的圆弧半径信息。

② F 代码用于指令每分钟的加工进给量（进给速度）。其指令单位为：米制为 0.01mm/min，英制为 0.0001inch/min。

③ T 代码在此不再表示刀具号，而是用于指令锥度加工中的丝倾斜角度。

④ 程序中坐标地址后跟的数值，若不带小数点，则其单位为 μm，即 0.001mm；若带有小数点，则其单位为 mm。

（2）编程实例

编制如图 7-10 所示凸模零件线切割加工程序。钼丝直径为 0.15mm，单边放电间隙为 0.01mm。

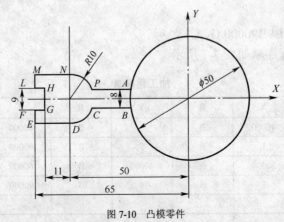

图 7-10　凸模零件

① 零件图工艺分析。从零件图分析，该零件采取铣削加工和线切割均可，由于该零件很薄，不易铣削，故采用线切割加工的方法最为合理，编程时要注意偏补的给定，并留够装卡位置。

② 确定工艺基准，建立工件坐标系。选择底平面作为定位基准面。以直径 ϕ50mm 圆的圆心为坐标原点。

③ 计算各点坐标与圆心坐标如下：

起点(-24.67,25)

A(-24.67,4）

B(-24.67,-4)

C(-40.83,-4)

D(-50,-10)

E(-65,-10)

F(-65,-4.5)

G(-61,-4.5)

H(-61,4.5)

L(-65,4.5)

M(-65,10)

N(-50,10)

P(-40.83,4)

④ 编制程序单，编制程序如下（电极丝半径与放电间隙之和 $D=(0.15)/2+0.01=0.085$）：

%

N0010 G90	绝对坐标编程
N0020 G92 X-24.67 Y25	确定加工起点
N0030 G41 D0.085	加左刀补
N0040 G01 X-24.67 Y4 F100	进刀线
N0050 G02 X-24.67 Y-4 I24.67 J-4	开始轮廓加工
N0060 G01 X-40.83 Y-4	
N0070 G02 X-50 Y-10 I-9.17 J4	
N0080 G01 X-65 Y-10	
N0090 G01 X-65 Y-4.5	
N0100 G01 X-61 Y-4.5	
N0110 G01 X-61 Y4.5	
N0120 G01 X-65 Y4.5	
N0130 G01 X-65 Y10	
N0140 G01 X-50 Y10	
N0150 G02 X-40.83 Y4 I0 J-10	
N0160 G01 X-24.67 Y4	
N0170 G40	取消刀补
N0180 G01 X-24.67 Y25	退刀线

N0190 M30　　　　　　　　　　主轴停，程序结束

⑤ 调试机床。校正钼丝的垂直度（用垂直校正仪或校正模块），检查工作液循环系统机运丝机构工作是否正常。

⑥ 装夹及加工。

a. 将坯料放在工作台上，保证有足够的装夹余量。然后固定夹紧，工件左侧悬置。

b. 将电极丝移至穿丝点位置，注意别碰断电极丝，准备切割。

c. 选择合适的电参数，进行切割。

3. 自动编程

当零件的形状比较复杂或具有非圆曲线时，人工编程的工作量大，容易出错，甚至无法实现。为了简化编程工作，提高工作效率，利用计算机进行自动编程是必然的趋势。自动编程使用专用的数控语言及各种应用软件。由于计算机技术的发展和普及，现在很多数控线切割加工机床都配有微机编程系统。微机编程系统的类型比较多，按输入方式的不同，大致可分为：采用语言输入，菜单及语言输入，AUTOCAD 方式输入，用鼠标器按图形标注尺寸输入，数字化仪输入，扫描仪输入等。从输出方式看，大部分系统都能输出 3B 或 4B 程序，显示图形，打印程序，打印图形等，有的还能输出 ISO 代码，同时把编出的程序直接传输到线切割控制器中，此外，还有编程兼控制的系统。

自动编程中的应用软件（编译程序）是针对数控编程语言开发的。我国研制了多种自动编程软件（包括数控相应的编译程序），如 XY、SKX-1、XZ-1、SB-2、SKG、XCY-1、SKY、CDL、TPT 等。通常，经过后置处理可按需要显示或打印出 3B（或 4B，5B 扩展型）格式的程序清单。国际上主要采用 APT 数控编程语言，但一般根据线切割加工机床控制的具体要求作了适当简化，其输出的程序格式是以 CAD 方式输入后系统转化而成的可编译程序。"CAXA 线切割 V2"可以完成绘图设计，生成加工代码，连机通信等功能，集图样设计和代码编程于一体。"CAXA 线切割 V2"还可直接读取 EXB、DWG、DXF、IGES 等格式文件，完成加工编程。

微机自动编程系统的主要功能如下。

① 处理直线、圆弧、非圆曲线和列表曲线所组成的图形。

② 能以相对坐标和绝对坐标编程。

③ 能进行图形旋转、平移、对称（镜像）、比例缩放、偏移、加线径补偿量、加过渡圆弧、导角等。

④ CRT 显示，打印图表，绘图机作图，直接输入线切割加工机床等多种输出方式。

此外，低速走丝线切割加工机床和近年来我国生产的一些高速走丝数控线切割加工机床，本身已具有多种自动编程机的功能，实现控制机与编程机合二为一，在控制加工的同时，可以"脱机"进行自动编程。

练 习 题

1. 试简述数控电火花加工的特点及其分类。

2．数控电火花线切割加工方法有哪些优点？

3．什么是快速走丝切割加工机床，它与慢速走丝切割加工机床的主要区别在哪里？

4．试阐述电火花线切割加工原理。

5．DK7620 代表什么类型的机床？试解释各字母与数字所代表的含义。

6．线切割加工机床由哪两部分组成，各部分又包含哪些组成部分？

7．用 3B 格式编程时，如何确定切割直线和圆弧的计数长度、计数方向和加工指令？

8．完成如图 7-11 所示零件的轮廓编程，正确操作数控线切割机床，并进行零件的加工。

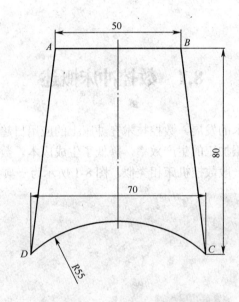

图 7-11　习题零件图

第 8 章　数控冲床编程

8.1　数控冲床概述

近年来，随着数控技术的发展，数控技术在冲床上的应用日趋成熟，数控冲床在我国逐渐普及，大大地提高了冲压加工的生产效率，降低了生成成本。数控冲床也是数控机床的一种，其组成和工作原理与一般数控机床相类似。图 8-1 所示为一典型转塔数控冲床。

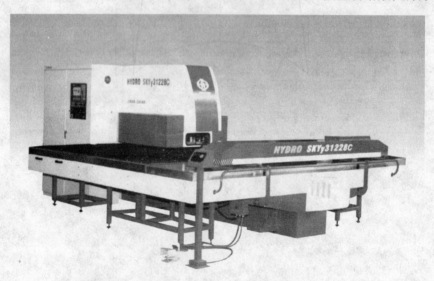

图 8-1　数控冲床外形

冲床属于压力加工机床，主要应用于钣金加工，如冲孔、裁剪和拉伸。数控冲床又称为"钣金加工中心"，即任何复杂形状的平面钣金零件都可在数控冲床上完成其所有孔和外形轮廓的冲裁等加工。

8.1.1　数控冲床主要技术参数

不同的数控冲床有不同的技术参数，表 8-1 所示的是我国捷迈集团生产的一种典型数控转塔冲床（SKYY31225C）的主要技术参数。

表 8-1		主要技术参数	
参数 Specification			SKYY31225C
公称压力 Punching force	KN		300
最大加工板材厚度 Max. punching sheet thickness（Mild steel）	mm		6
最大加工板材尺寸（一次重定位） Max. sheet size（One reposition）	mm		1250×2500
冲孔精度 Punching accuracy	mm		±0.10
最高行程次数 Max. hit speed	h.p.m		400
模位数 Number of stations	个		20
分度工位数 Number of index	个		2
数控轴数 Controlling axes	个		3 或 4
机床重量 Machine weight	T		12
外形尺寸 Outline dimensions	mm		4840×2800×2110

8.1.2 数控冲床的特点

数控冲床也是数控机床的一种类型，具有数控机床的一般特点，在此不再赘述。此外，现代数控冲床的冲压运动有机械式和液压式两种。由于液压式具有纯机械式冲床无法比拟的优点，被工业界公认为钣金柔性加工系统的发展方向。液压数控冲床具有以下特点。

（1）"恒冲力"加工

一般机械式冲床的冲压力是由小到大，到达顶点时只是一瞬间，无法实现在全冲程的任何位置都具有足够的冲压力。而液压式冲床完全克服了机械式冲床的缺点，建立了液压冲床"恒冲力"的全新概念。

（2）智能化冲头

液压冲床的冲头具有软冲功能（即冲头速度可实现快进、缓冲），既能提高劳动生产率，又能改善冲压件质量所以液压冲床加工时振动小、噪声低、模具寿命长。数控液压冲床的冲压行程长度的调节可由软件编程控制，从而可完成步冲、百页窗、打泡、攻螺纹等多种成型工序。液压系统中采用了安全阀和减压阀元件，一旦冲压发生超负荷时，能提供瞬间减压及停机保护，避免机床、模具损坏，而且复机简易、快速。

（3）冲裁精度与寿命

由于液压冲头的滑块与衬套之间存在一层不可压缩的静压油膜，其间隙几乎为零，且不会产生磨损，这就是液压冲床精度高、寿命长的原因所在。

数控液压冲床的机身有桥形框架、O 形框架、C 形框架等结构。数控液压冲床的冲模一般采用转塔式的安装方式，并具有特定的自动分度装置，每个自动分度模位中的模具均能自行转位，给冲剪加工工艺带来了极大的柔性。

8.1.3 数控冲床的组成

数控冲床的加工对象为板材，在机床结构上只有板材的移动为数控驱动，数控冲床的数控伺服系统多为半闭环控制或闭环控制。冲削运动有机械式和液压式两种。目前常见的数控冲床是冲模（刀具）装在可以旋转的转塔上，称转塔数控冲床。转塔上可以容纳的刀具数量由转盘的大小决定，一般从16～58把不等。还有链式刀库的形式。刀具也可装在机床外，经机械手把所用的刀具换到冲压位置进行冲削加工。

数控冲床的组成框图如图8-2所示。

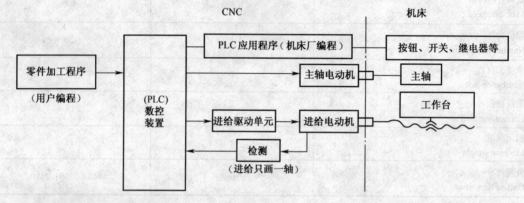

图 8-2　数控冲床的组成

图8-3所示为机械转塔数控冲床机械传动系统图。而液压式冲头运动由液压系统驱动。

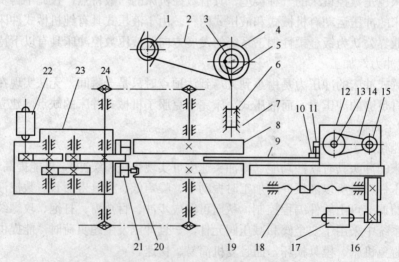

1—主电动机　2—V带传动　3—偏心轴　4—飞轮　5—连杆　6—滑块　7—冲锤　8—上转盘　9—板材

10—夹钳　11—气缸　12—滑架　13—滚珠丝杠　14—齿形带副　15—X轴伺服电动机　16—齿形带副

17—Y轴伺服电动机　18—滚珠丝杠　19—下转盘　20—转盘定位锥销　21—转盘定位气缸

22—转盘伺服电动机　23—转盘减速器　24—链传动

图 8-3　机械转塔数控冲床机械传动系统

8.1.4 数控冲床的坐标系

1. 数控冲床坐标系的规定

对于数控冲床，由于冲削运动为机械和液压控制，因此没有 Z 轴，只有 X 轴和 Y 轴，坐标系比较简单。为了便于理解，我们可以认为数控冲床的 Z 轴是垂直向上的，那么面朝刀具主轴再向立柱看时，X 轴的正方向是朝右的。这样利用右手直角笛卡儿坐标系就可以判断出 Y 轴的方向。此外一般把绕 X、Y、Z 三轴的回转运动叫做 A、B、C 回转运动。

图 8-4 所示为一转塔数控冲床坐标系示意图。工作台面上的支撑板材，按 X 方向分成三部分，中间部分不移动，两侧台面沿 Y 轴移动。为不划伤板面，台面上密布钢球，有的还增加尼龙刷作辅助支承。X 轴在横跨 Y 轴台面的横梁上移动，带动工件夹钳使板料移动。主轴的冲压运动沿 Z 轴方向移动，主轴在 XY 平面内不运动。模具（刀具）安装在转塔上，转塔（转盘）的旋转为 T 轴。有些机床转塔上还有旋转工位，非圆模具在转塔的旋转工位上可以作旋转移动，即 C 轴运动，实现在当前工位任意角度的冲压，更方便了数控冲床的加工。通过程序对 X 轴、Y 轴、T 轴和 C 轴的控制，机床就可以实现直线冲压、横向冲压和扭转冲压。

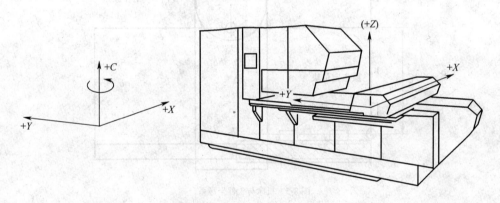

图 8-4 数控冲床坐标轴及方向

2. 电气坐标系

电气坐标系是与标准坐标系平行的坐标系，是数控系统在处理编程数据时的坐标系。在数控系统中坐标轴所用的位置检测元件确定之后，检测元件的零点即是电气坐标系的原点。

3. 机床坐标系

机床坐标系也是与标准坐标系平行的坐标系。它是在电气坐标原点的基础上，沿电气坐标轴偏移一个距离。这个偏移距离，由机床制造者调试后将其设置在参数中，此点即参考点。参考点即是机床原点。如果数控系统采用相对位置检测元件时，在机床通电后，需做手动返回参考点操作，以建立机床坐标系。机床参考点是电气坐标系上的一个固定点，它是机床补偿功能和行程软限位的基准点，机床使用者不要随意更动。

机床坐标系在编程时是以刀具基准点（以下简称基准点）来体现的。在机床坐标轴返回到参考点时，机床在机床零点上，刀具基准点与机床零点重合，此时机床坐标系坐标轴的显示值为 0。冲削加工的机床，X、Y 轴的基准点在主轴中心上。

4. 工件坐标系

工件坐标系是以机床坐标系为基准平移而成的。这个偏移量由机床操作者设置在工件坐标系设定指令中或坐标偏移存储器中。程序设计人员在工件坐标系内编程，编程时，不必考虑工件在机床中的实际位置。

工件坐标系的建立，是设定工件坐标系原点与机床坐标原点的距离关系。实际上，就是设定工件坐标系原点与机床在参考点上时的基准点之间的距离，如图 8-5 所示。当机床在参考点上时，由原点定位块和工件夹钳定位面决定工件的坐标原点，实际上就是机床的左下行程极限。

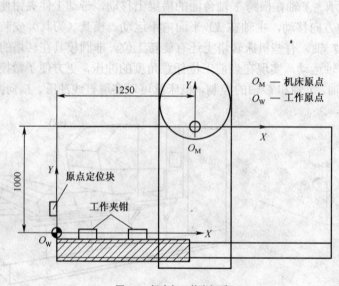

图 8-5　机床与工件坐标系

加工程序指令的坐标值是刀位点在工件坐标系中的坐标值。冲削加工的机床，X、Y 轴的刀位点亦在主轴中心上。程序设计人员在编程时，可以用绝对坐标值，也可以用相对坐标值。

用绝对坐标值指令时，刀具（或机床）运动轨迹是根据工件坐标原点给出的。

用相对坐标值指令时，刀具（或机床）运动轨迹是相对于前一个位置计算的，又称增量坐标值。

8.2　数控冲压加工工艺

8.2.1　确定机床和数控系统

根据被加工零件的尺寸和技术要求，考虑各项技术经济指标，合理地选择机床。当有多台机床可选择时，要根据被加工零件的形状，编程的方便性，选择具有相应功能的数控系统机床。当然，在满足要求的情况下，可尽量选用成本低的数控机床，以降低加工成本。

8.2.2　工件的安装

在数控冲床上安装工件相对比较简单。为了安装方便，机床应在参考点上进行工件安装。

首先根据板料的尺寸，选择和调整夹钳的位置；松开夹钳并抬起原点定位块，将板料与之靠实；夹钳夹紧，放下原点定位块，工件装夹完成，如图 8-6 所示。

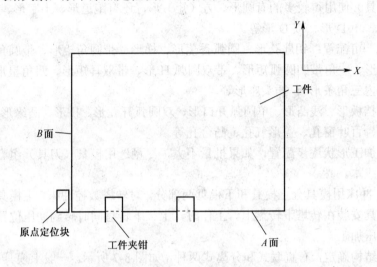

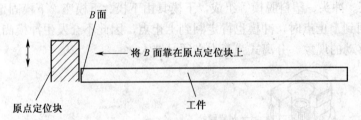

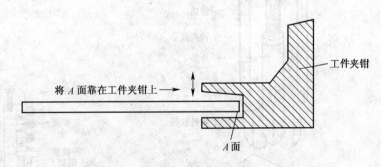

图 8-6　工件安装

工件安装时要考虑夹钳的位置，尽可能做到一次装夹后能完成全部加工。

8.2.3　编程原点的设定

编程原点是编程员在编制加工程序时设置的基准。编程原点应力求与设计基准和工艺基准相一致，使编程中的数值计算简单。

8.2.4 模具（刀具）的确定

① 根据被加工面的形状，尽量选用通用模具（刀具），以降低成本，但有时为简化编程和提高加工质量，也选用专用模具（刀具）。

数控冲床可以根据模具（刀具）形状形成工件形状，因此，模具（刀具）规格形状较多。

通用模具（刀具）使用得较多的有圆形、方（矩）形，还有跑道形、十字形、（等腰）三角形、直角三角形、单 D 形、双 D 形等。

根据加工形状，可配置：钥匙孔形、圆弧香蕉形、梯形、带圆角矩形、带圆角三角形、带凹圆弧矩形、H 形、一角带凹圆弧矩形、带双圆弧 H 形、带双耳矩形、四角星形、扁弯条形、双接合形（双内三角条形）、插头座形等。

成型模具有双挡板形、浅凸形、单圆弧开口形、双圆弧开孔形、桥形、凸缘形、凸起形、沉孔形、翻边孔形、百叶窗孔、盖形气孔、凸台孔等。

模具可根据被加工形状逐步配置，如果批量不大，尽量选用模具（刀具）组合成型，以降低模具（刀具）成本。

② 模具结构。冲床用模具分上模具和下模具两部分。对转塔数控冲床，上模具安装在转塔上转盘上，下模具安装在转塔下转盘上。工作时，上、下转盘同时转到冲压位置。冲锤打击上模具，实现冲压加工。

模具根据机床结构确定，有直联式和分离式两种，如图 8-7 所示。一般上模具由打击头、弹簧、键销、冲模架、冲头、塑料脱模等组成，下模具由下模、下模座、下模固定块等组成。直联式由于当撞杆回到上止点时，冲模也肯定回到上止点，因此不会发生冲模尚未从板料中退出而工作台已经移动的现象。分离式弹簧力必须足够大。

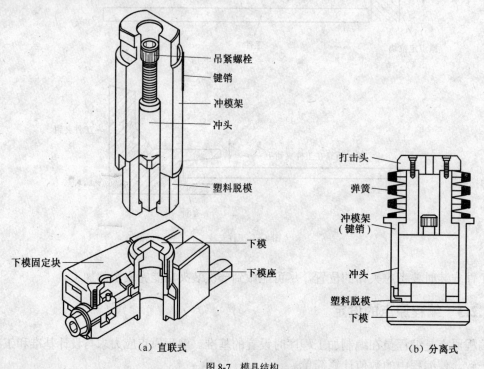

（a）直联式　　　　　　　　　　　　　（b）分离式

图 8-7　模具结构

模具上要有脱料器。在冲头的下部加聚脂脱料，这种结构比较便宜。或者在下模孔内加 0.01mm 凸起，可含一片料而防止料片随冲头带回。

数控冲床上模具行程是一个定值，落料还是浅压由冲头尺寸决定。在数控冲床上不用刀具长度补偿。

浅拉伸时凹模装在上转盘上，凸模装在下转盘上。

模具（刀具）刀位点选在冲头（主轴）中心（XY 平面内），如果选用轮廓步冲功能可用冲头直径（或边长）偏置补偿修正。

③ 模具间隙。冲头和下模之间的间隙根据板厚和材料性质，按表 8-2 所示选用，也可以根据机床情况，按 0.1mm 的间隙制作。

表 8-2　　　　　　　　　　　　　　　　　　　模具间隙

板厚/mm	材　料		
	低 碳 钢	铝	不 锈 钢
0.8～1.6	0.2～0.3	0.2～0.3	0.2～0.35
1.6～2.3	0.3～0.4	0.3～0.4	0.4～0.5
2.3～3.2	0.4～0.6	0.4～0.5	0.5～0.7
3.2～4.5	0.6～0.9	0.5～0.7	0.7～1.2
0.6～6	0.9～1.2	0.7～0.9	

模具最小冲孔直径：对低碳钢和铝料可等于板厚，对不锈钢可等于 2 倍板厚。也可按 1.5 倍板厚选取。

8.2.5　确定工步顺序

工步的顺序安排应考虑以下几点。

① 应保证被加工零件的精度和质量。先内后外，最后将工件与板料分离或仅留连接筋；最小冲削量要大于或等于板料厚度，避免因冲头歪斜形成啃边并影响模具寿命；应使加工后工件变形最小。

② 在多件加工时，应使工步集中，以减少选（换）模具（刀具）时间。

③ 尽量用模具成型或选用大尺寸模具步冲加工，以提高生产率。

④ 内孔落料加工时，要使运行暂停，以便用取料器（磁铁等）将落料取出，切勿将料落在工作台上随意移动。

⑤ 多件加工时，要从离工件夹钳远处开始加工，每件之间留有足够板料，以减小板料变形。

⑥ 工件与工件夹钳之间要有足够空间，以保证冲头安全，一般 Y 轴有 100mm 的空边。

⑦ 如果夹钳躲让不开，则应考虑改变夹钳在 X 轴向的卡压位置，避免冲压中间移动夹钳。

8.2.6　折弯件展开长度的计算

板材弯曲件还需进行展开长度计算，才能最后得出工件展开图上的边长尺寸以及孔位的位置尺寸。

1. 展开长度计算公式

展开长=直线部分长+圆弧部分展开长

圆弧部分展开长=圆弧中性层弧长=$(r+K \cdot t)\pi\alpha/180$。

式中，r——内圆弧半径；

K——弯曲系数；

t——板材厚度；

α——板材变曲所转过的角度。

2. 弯曲系数 K

弯曲系数 K 是展开计算中一个重要的参数。它的选定，直接影响计算结果的准确度。K 值如表 8-3 所示。生产使用时，要根据实际情况确定。

表 8-3 弯曲系数 K

r/t	0.25	0.5	1	2	3	4	5	6	7	8	9	10	11	12	>12
K	0.26	0.33	0.35	0.375	0.4	0.415	0.43	0.44	0.45	0.46	0.465	0.47	0.475	0.48	0.5

冲削加工中，减小冲削力的方法有多种，如阶梯冲、斜刃冲、加热冲等。在转塔数控冲削加中，可以用斜刃冲来减小冲削力。斜刃冲时凸、凹模刃口部分的布置方式（或形状）如图 8-8 所示。斜刃冲即刃口端面做成倾斜状态进行冲裁。斜刃冲削时刃口不是同时切入，而是逐步冲切材料，等于减小了同时剪切断面的面积 A，因而能减小冲裁力。由图 8-8 可以看出，为了得到平整的零件，落料时应将凹模做成斜刃，凸模做成平口；冲孔时则应将凸模做成斜刃，凹模做成平口。设计斜刃时，还应注意将斜刃对称布置，以免冲裁时凹模承受单向侧压力而发生偏移，啃坏刃口。斜刃角 φ 不宜太大，一般可按表 8-4 所示选用。

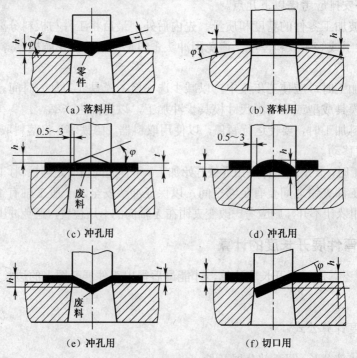

图 8-8 斜刃冲时凸凹模刃口部分的布置方式

表 8-4   一般斜刃角数值

材料厚度 t/mm	斜刃高度 h/mm	斜刃角 φl（°）
<3	$2t$	<5
3～10	t	<8

斜刃冲削力可用下列简化公式计算：

$$P_{斜}' = KL\tau t$$

式中，K=0.4～0.6（当 $h=t$ 时），当为平刃口冲削时，K 取 1.3；

　　　L——剪切周长/mm；

　　　τ——板料抗剪强度/MPa；

　　　t——材料厚度/mm；

　　　h——斜刃高度/mm。

可以看出，斜刃口冲削力大约是平刃口冲削力的 1/2～1/3。

适当加大刃口转角处或曲率半径较小处的刃口间隙（加大量不超过直边部分的 40%），可以有效改善这些部位的受力状况，减小局部冲削力，均化刃口磨损，延长模具使用寿命。

8.2.7　数控冲压加工工艺文件

编写数控加工技术文件是数控加工工艺设计的内容之一。这些技术文件既是数控加工和产品验收的依据，也是需要操作者遵守和执行的规程。有的则是加工程序的具体说明或附加说明，使操作者更加明确程序的内容、工件的装夹方式、各加工部位所选用的刀具及其他需要说明的事项，以保证程序的正确运行。因目前尚无统一标准，这里仅介绍几种数控加工技术文件，供自行设计时参考。

（1）工序简图

包括工件的装夹方式，编程原点及坐标轴方向，加工原点编码，注明工序加工表面及应达到的尺寸和公差。

（2）工序卡

包括工步顺序及内容，加工表面及应达到的尺寸和公差，刀具编号及名称，刀具尺寸及半径补偿号，主轴转速及进给速度（步长）等。

（3）刀具卡

包括刀具编号及名称，尺寸及半径补偿号。

（4）机床调整卡

包括机床操作面板各按钮、开关的位置和状态。如选择跳段（/n）及选择停（M01）开关，在程序运行到哪里时需做何调整等。

（5）加工程序说明

实践证明，仅用加工程序单和工艺规程来进行实际加工还有许多不足之处。由于操作者对程序的内容不够清楚，对编程人员的意图不够理解，经常需要编程人员在现场解释与指导，不利于长期批量生产。

根据实践，一般应作说明的主要内容如下。

① 所用数控设备型号及数控系统型号。

② 加工原点的位置及坐标方向。多件加工时零件的位置及开始加工点编码。

③ 镜像加工使用的对称轴及操作。

④ 所用刀具的规格、型号及其在程序中对应的刀具号，必须按实际刀具半径加大或缩小补偿值的特殊要求，例如用改变刀具半径补偿值作预留量加工等。

⑤ 整个程序加工内容的安排，相当于工步内容说明与工步顺序，使操作者明了工作顺序。

⑥ 子程序的说明，以及主程序与子程序的调用关系，最好能画出树形图。

⑦ 其他需要特殊说明的问题，例如需在加工中更换夹紧点（挪动夹钳）的计划停机程序段号；中间取落料（工件）用的计划停机程序段号等。

（6）刀具运动路线图

在数控加工中，特别要防止刀具与夹钳发生意外碰撞，为此，必须设法告诉操作者关于程序中的刀具运动路线，如：从哪里下刀、到何处抬刀等，使操作者在加工前就了解并计划好夹紧位置，以避免事故的发生。此外；由于工艺性问题，如果必须在加工中挪动夹钳位置，也需要事先告诉操作者。

以上数控加工技术文件，在实际使用中可根据零件复杂程度作适当增减。

8.3　数控冲压编程

目前，许多数控冲床系统，都配备了自动编程软件，自动将 CAD 程序、图形转化为冲床 CNC 加工指令，具有模具库管理，自动选模加工，专用模具优化，优化加工路径，后置处理，自动完成微连接，自动重复定位等功能。本节介绍的是手工编程。前面介绍过，数控冲床加工编程，Z 轴运动由液压或机械系统控制，所以数控冲压编程没有 Z 轴，只是二维编程。有了数控车床和数控铣床的编程基础，数控冲压加工编程是比较简单的。

不同控制系统的数控冲床其数控编程指令是不相同的。下面以"GE—FANUC"数控系统为例，介绍数控冲床的加工编程。

数控冲床编程是指将钣金零件展开成平面图，放入 XOY 坐标系的第一象限，对平面图中的各孔系等进行坐标计算的过程。数控冲压加工主要就是进行各种孔的冲压加工，当然也可以裁剪和拉伸，我们可以把后者看作特殊的冲孔加工。

在数控冲床上进行冲孔加工的过程是：

零件图→编程→程序制作→输入 NC 控制柜→按起动按钮→加工

在数控冲压编程中要注意以下几点。

① 一般不要用和缺口同样尺寸的冲模来冲缺口。

② 不要用长方形冲模按短边方向进行步冲，因为这样做冲模会因受力不平衡而滑向一边。

③ 实行步冲时，送进间距应大于冲模宽度的 1/2。

④ 冲压宽度不要小于板厚，并且应禁止用细长模具沿横方向进行冲切。

⑤ 同样的模具不要选择两次。

⑥ 冲压顺序应从右上角开始，在右上角结束；应从小圆开始，然后是大方孔、切角，翻边和拉伸等放在最后。

8.3.1　常用指令介绍

1. 定位不冲压指令 G70

在要求移动工件但不进行冲压的时候，可在 X、Y 坐标值前写入 G70，即 G70X Y，则刀具快速定位到指定的坐标位置，并且即使在 G01、G02 和 G03 方式中，G70 仍将以快速方式移动。G70 是非模态指令，只在本段中有效。

2. 夹爪自动移位指令 G27

要扩大加工范围时，写入 G27 和 X 方向的移动量。移动量是指夹爪的初始位置和移动后位置的间距。例如，G27X—500.0 执行后将使机床发生的动作如图 8-9 所示。

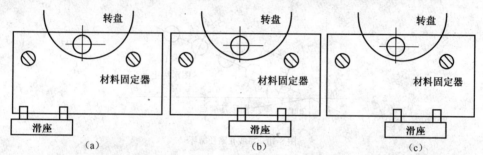

（a）材料固定器压住板材，夹爪松开　　（b）Y2.4 ：工作台以增量值移动 2.4mm，

X—500：滑座以增量值移动—500mm，Y—2.4 ：工作台以增量值移动 1—2.4mm

（c）夹爪闭合，材料固定器上升，释放板材

图 8-9　夹爪自动移位

3. 模具号 T 指令和辅助功能 M 指令、速度功能 S 指令

（1）模具号 T 指令

由 T××××构成，T 后面有 3 位或 4 位数字，指定要用的模具在转盘上的模位号，若连续使用相同的模具，一次指令后，下面可以省略，直到不同的模具被指定。

例如：

G92X1830.0Y1270.0；　　　　　　　　机床一次装夹最大加工范围为：1830mm×1270mm

G90X500.0 Y300.0T102；　　　　　　调用 102 号模位上的冲模，在(500,300)位置冲孔

G91X700.0Y450.0T201；　　　　　　在(700,450)位置，调用 201 号模位上的冲模冲孔

在最前面的冲压程序中，一定要写入模具号。

（2）辅助功能 M 指令

一般由 M 加 2 位数字构成。通常在一个程序段指定一个 M 代码，也有可以指定多个的。当移动指令和 M 功能指令在同一程序段时，执行的顺序有不同的选择。这些问题取决与生产厂家。而 M00、M01、M02、M30 的规定和数控车、铣系统一致。

（3）主轴冲压速度 S 指令

由 S 加 2～4 位数字构成。对高速液压数控冲床，用液压缸的上下往复运动带动刀具上

下运动，冲压次数在 70～1200 次/min，打标速度则更高。对机械式转塔数控冲床，用偏心轮带动滑块运动，一般只有高速和低速两档选择。

需要特别说明，T 指令和 M、S 指令与机床运动的关系非常密切，使用者要以机床厂家的说明书为准。

4. 斜线孔路径循环

以当前位置或 G72 指定的点开始，沿着与 X 轴成 J 角的直线冲制 K 个间距为 I 的孔。

指令格式：G28I_J_K_T××××

I——间距，如果为负值，则冲压沿中心对称的方向（此中心为图形基准点）进行。

J——角度，逆时针方向为正，顺时针方向为负。

K——冲孔个数，图形的基准点不包括在内，如图 8-10 所示孔的冲压加工指令为：

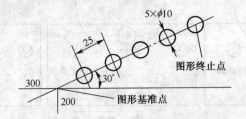

图 8-10　斜线孔路径循环

G72G90 X300.0Y200.0；	G72 定义图形基准点(300,200)
G28I25.0J30.0K5T203；	从基准点开始，采用 203 号冲模（ϕ10mm 的圆形冲头）沿着与 X 轴成 30°角的直线冲制 5 个间距为 25mm 的孔如果要在图形基准点(300,200)上冲孔时，则省去 G72，并将 T203 移到上一条程序，即：
G90X300.0Y200.0T203；	在当前位置(300,200)采用 203 号冲模冲孔。
G28I25.0J30.0K5；	从当前位置(300,200)开始，沿着与 X 轴成 30°角的直线再冲制 5 个间距为 25mm 的孔，共 6 个孔。如果将 I25.0 改为 I-25.0，则冲孔沿 180°对称的反方向进行。

5. 圆弧上等距孔的循环

以当前位置或 G72 指定的点为圆心，在半径为 I 的圆弧上，以与 X 轴成角度 J 的点为冲压起始点，冲制 K 个角度间距为 P 的孔。

指令格式 G29I_J_P_K_T×××

I——圆弧半径，为正数。

J——冲压起始点的角度，逆时针方向为正，顺时针方向为负。

P——角度间距，为正值时按逆时针方向进行，为负值时按顺时针方向进行。

K——冲孔个数。

如图 8-11 所示孔的冲压加工指令为：

G72G90 X480.0Y120.0；	G72 定义图形基准点(480，120)作为圆心
G29I180.0J30.0P15.0K6 T203；	圆弧极坐标编程，以基准点为圆心，采用 203 号冲模（ϕ10mm 的

圆形冲头）在半径为 180mm 的圆弧上，以与 X 轴成 30°角的点为冲压起始点，冲制 6 个角度间距为 15°角的孔。

如果要在图形基准点(480,120)冲孔时，则省去 G72，并将 T203 移至上向一条程序。如果将 P15.0 改为 P-15.0，则从冲孔起始点出发，按顺时针方向进行冲孔。

6. 圆周上等分孔的循环

圆周极坐标编程，以当前位置或 G72 指定的点为圆心，在半径为 1 的圆弧上，以与 X 轴成角度 J 的点为冲压起始点，冲制 K 个将圆周等分的孔。

指令格式：G26I_J_K_T×××

I——圆弧半径，为正数。

J——冲压起始点的角度，逆时针方向为正，顺时针方向为负。

K——冲孔个数。

如图 8-12 所示孔的冲压加工指令为：

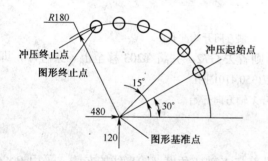

图 8-11　圆弧上等距孔的循环

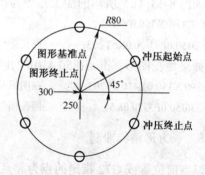

图 8-12　圆周上等分孔的循环

G72G90X300.0Y250.0;　　　　G72　定义图形准点(300,250)作为圆心

G26I80.0J45.0K6 T203;　　　　圆周极坐标编程，以基准点为圆心，采用 203 号冲模（ϕ10mm 的圆形冲头）在半径为 80mm 的圆周上，以与 X 轴成 45°角的点为冲压起始点，冲制 6 个将圆周等分的孔

如果要在图形基准点(300,250)冲孔时，则省去 G72，并将 T203 移至上面一条程序。该图形的终止点和起始点是一致的。

7. 网孔循环

网孔循环，以当前位置或 G72 指定的点为起点，冲制一批排列成网状的孔。它们在 X 轴方向的间距为 I，个数为 P，它们在 Y 轴方向的间距为 J，个数为 K；G36 沿 X 轴方向开始冲孔，如图 8-13b 所示；G37 沿 Y 轴方向开始冲孔，如图 8-13（c）所示。

指令格式：G36I_P_J_K_T×××

或 G37I_P_J_K_T×××

I：X 轴方向的间距，为正时沿 X 轴正方向进行冲压，为负时则相反。

P：X 轴方向上的冲孔个数，不包括基准点。

J：Y 轴方向的间距，为正时沿 Y 轴正方向进行冲压，为负时则相反。

K：Y轴方向上的冲孔个数，不包括基准点。

如图 8-13（b）所示的加工指令为：

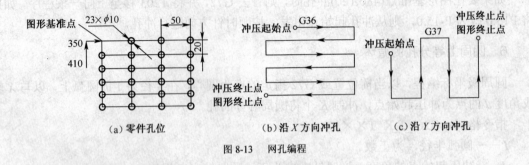

（a）零件孔位　　　　　　　（b）沿 X 方向冲孔　　　　　（c）沿 Y 方向冲孔

图 8-13　网孔编程

G72 G90 X350.0Y410.0；　　　　G72　定义图形基准点(350,410)

G36I50.0P3J-20.0K5T203；　　　网孔循环，沿 X 轴方向开始冲孔

如图 8-13（c）所示的加工指令为：

G72G90X350.0Y4l0.0；

G3I50.0P3J-20.0K5T203；　　　网孔循环，沿 Y 轴方向开始冲孔

如果要在图形基准点(350,410)冲孔时，则省去 G72，并将 T203 移至上一条程序，即：

G90 X350.0Y410.0T203；　　　　在图形基准点(350,410)冲孔

G36I50.0P3J20.0K5；　　　　　　网孔循环，沿 X 轴方向开始

8. 长方形槽的冲制

以当前位置或 G72 指定的点为起点，沿着与 X 轴成角度 J 的直线的左侧，采用 P×Q 的方形冲模在长度 I 上进行步进冲孔。

指令格式：G66I_J_P_Q_T×××

I——步冲长度。

J——角度，逆时针方向为正，顺时针方向为负。

P——冲模长度（直线方向的长度）。

Q——冲模宽度（与直线成 90°方向的宽度）。

P 和 Q 的符号必须相同。P=Q 时可省略 Q。

如图 8-14 所示的长方形槽的冲压加工指令为：

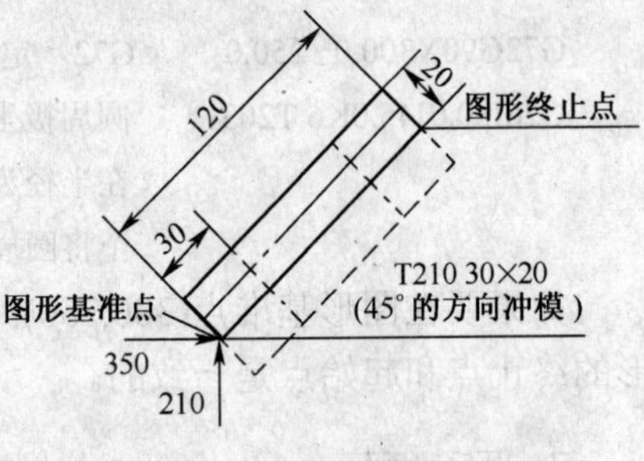

G72G90X350.0Y210.0；

G66I120.0J45.0P30.0Q20.0T210；

图 8-14　冲制任意方向长方形槽

以基准点(350,210)为起点，沿着与 X 轴成 45°的直线的左侧，采用 30mm×20mm 的方形冲模在长度为 120mm 的范围内进行冲孔。

如果将 P30.0Q20.0 改为 P-30.0Q-20.0，则按图示虚线实施步冲。P 和 Q 用于确定冲模的中心位置和进给距离。长度 I 必须大于冲模宽度的 1.5 倍。

9. 圆弧形槽的冲制

以当前位置或 G72 指定的点为中心，在以 I 为半径的圆弧上，从与 X 轴成角度 J 的点开

始，到角度 $J+K$ 为止，用直径为 P 的圆形冲模，角度间距为 Q 步进冲切圆弧形槽，槽的宽度等于冲模的直径。

指令格式：G68I_J_K_P_Q_T×××

式中，I 为圆的半径，为正；J 为冲压起点与轴的角度，逆时针方向为正，顺时针方向为负；K 为圆弧形槽的圆弧角，为正时按逆时针方向冲切，为负时按顺时针方向冲切；P 为冲模直径的名义值，不表示冲模直径实际数值的大小，为正时沿圆弧外侧进行冲切，为负时沿圆弧内侧为进行冲切，若 P 为 0，则冲模中心落在指定的半径为 I 的圆弧上进行冲切；Q 为步冲间距圆弧角，为正。

用 G68 冲切大型圆孔时，中间会残留一块材料，这是为了易于取出残留材料，取 J（最初冲压点与 X 轴所成的角度）为 90° 或 45°，并且在下一条程序前加入 M00 或 M01，以便取出残留材料。

如图 8-15 所示的圆弧形槽的冲压加工指令为：

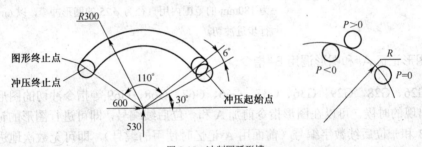

图 8-15　冲制圆弧形槽

G72 G90 X600.0Y530.0;

G68 I300.0J30.0K116.0P80.0Q6.0T237;

这两行程序的含义是以基准点(600,530)在半径为 300mm 的圆弧上，从与 X 轴成 30° 角的点开始，到角度 116° +30° =146° 为止，用直径为 ϕ80mm 的圆形冲模、步冲间距圆弧角为 6°、沿圆弧外侧步进冲切圆弧形槽，步进冲切圆弧形槽所使用的圆形冲模的半径应远小于圆弧的半径，即：$I>P$。

10. 长直圆槽的冲制

以当前位置或 G72 指定的点为起点，沿着与 X 轴成角度 J 的直线，在长度 I 上用直径为 P 的圆形冲模，并以间距为 Q 进行步进冲切，槽的宽度等于冲模的直径。

指令格式：G69I_J_P_Q_T×××

I ——在进行步进冲切的直线上，从冲压起始点到冲压终止点的长度。

J ——起始冲压点与 X 轴的角度，逆时针方向为正，顺时针方向为负。

P ——冲模直径的名义值，不表示冲模直径实际数值的大小，为正时冲模落在沿直线前进方向的左侧；为负时冲模落在沿直线前进方向的右侧；若 P 为 0，则冲压起始点与图形基准点一致。

Q ——步冲间距，为正。

如图 8-16 所示的长直圆槽的冲压加工指令为：

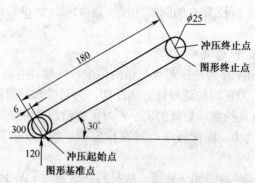

图 8-16 冲制长圆槽

G72G90X300.0Y120.0;

G69I180.0J30.0P25.0Q6.0T315;　　　以基准点(300,120)为起始点，沿着与 X 轴成 30°角的直线在长度为 180mm 的范围内用直径为 φ25 的圆形冲模，以 6mm 的间距进行步进冲切。

11. 图形记忆 A#和图形调用 B#指令

利用 G26、G28、G29、G36、G37、G66、G67、G68、G69 等指令冲切的图形，在相同图形反复出现的时候，可以在图形指令前加 A 和一位后续编号，即可进行图形的记忆。必要时，使用 B 和一位后续数字编号（前面用 A 记忆时使用的编号），即可无数次地进行调用。注意编号只能取 1～5。

如图 8-17 所示孔系的冲压加工指令为：

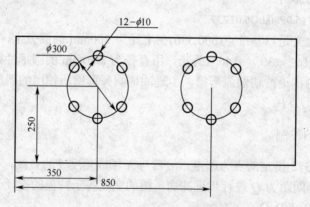

图 8-17 图形记忆与调用编程

G72G90X350.0Y250.0;　　　定义图形基准点

A1G26I150.0J0K6T203;　　　图形记忆

G72X850.0;　　　图形基准点偏移

B1;　　　图形调用编程

A#、B#只能使用于图形，不可以用于坐标值的记忆和调用。

A#一定要在图形指令前写入，B#一定要单独一行。

如果对于不同的图形使用了同一个编号，则前面用的相同编号所记忆的图形就被抹去。

12. 原点偏移指令 G93

指令格式：G93X_Y_　　　原点偏移，X、Y 为偏移值

局部坐标系的设定，如图 8-18 所示。

X、Y 坐标系：基本坐标系（整体坐标系）

X'、Y'坐标系：局部坐标系，以 O'点为原点的坐标系

X"、Y"坐标系：局部坐标系，以 O"点为原点的坐标系

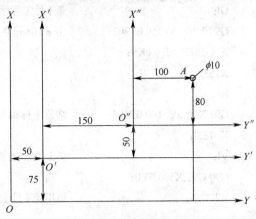

图 8-18　坐标系偏移

例如：

G90G93X50.0Y75.0；　　　　　　绝对坐标编程，将坐标原点从 O 点偏移到点 O'(50,75)

G90G93X200.0Y125.0；　　　　　绝对坐标编程，将坐标原点从点 O 偏移到点 O"(200,125)

或 G91G93X150.0Y50.0；　　　　增量坐标编程，将坐标原点从点 O'偏移到点 O"(50,75)

在图 8-18 所示的坐标系中，要求在点 A 冲孔的几种表示方法如下：

① G90X300.0Y205.0T203；　　　绝对坐标编程，在点 A(300,205)处冲孔

② G90G93X50.0Y75.0；　　　　　绝对坐标编程，将坐标原点从点 O 偏移到点 O'(50,75)

　　X250.0Y130T203；　　　　　以 O'为坐标原点，在点 A(250,130)处冲孔

③ G90G93X200.0Y125.0；　　　　绝对坐标编程，将坐标原点从点 O 偏移到点 O"(200,125)

　　X100.0Y80.0T203；　　　　　以点 O"为坐标原点，在点 A(100,80)处冲孔

由局部坐标系回到整体坐标系的方法为：

G93G90X0Y0；

G93 仅仅用于设定坐标系，既不定位也不冲压。G93 指令一般用于没有展开图零件的程序编制、多工件冲压或需留出夹持余量的场合。在 G93 出现的同一条指令中，不可以出现除 G90、G91、X、Y 以外的其他指令。如不可以用 T、M 等指令。例如 G90G93X50.0Y100.0T201 就是错误的指令。

13. 宏程序

指令格式：

U#：宏程序定义开始。

V#：宏程序定义结束。

W#：宏程序调用。

在要记忆的多条程序的最前面，写入字母 U 及后继的数码（1～99），再在这些程序的最后写入字母 V 及相同的数码，这样，U 和 V 之间的程序就在加工的同时被定义为宏程序。在要调用的叫候，就写入字母 W 及后继的数码（与 U、V 后继的数码相同），这样，前面定义的宏程序就被调用。

例如：

U1；   第1号宏程序定义开始

G90 X100.0Y350.0T203； 用 ϕ10mm 的冲头冲孔

A1 G28I20.0J30.0K9；

X75.0；

B1；

G91 X20.0Y−100.0T306； 增量坐标编程，采用 20mm×20mm 的方形冲头冲孔

X−18.0；

V1；   第1号宏程序定义结束

G90 G93 X500.0Y0；

W1；   调用第1号宏程序

8.3.2 起始冲压位置（X_0, Y_0）（绝对值）的计算

1. 长方形槽孔（见图 8–19）

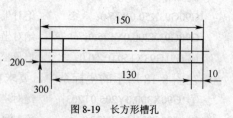

图 8-19 长方形槽孔

X_0=长方形槽孔左下端的 X 值+1/2（冲模在 X 方向的长度）

Y_0=长方形槽孔左下端的 Y 值+1/2（冲模在 Y 轴方向的长度）

2. 大方孔（见图 8–20）

X_0=大方孔右上端 X 值−1/2（冲模在 X 轴方向的长度）

Y_0=大方孔右上端 Y 值−1/2（冲模在 Y 轴方向的长度）

3. 四角带圆角的长方形孔（见图 8–21）

（1）方模起始位置

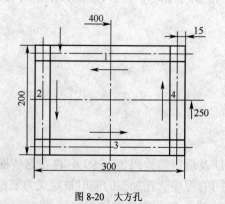

图 8-20 大方孔

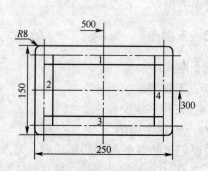

图 8-21 四角带圆角的长方形孔

X_0=右上端 X 值−1/2（冲压模在 X 轴方向的长度）−R

Y_0=右上端 Y 值−1/2（冲压方模在 Y 轴方向的长度）−R

其中 R 为冲压圆模的半径。

（2）圆模起始位置

右上角（绝对值）：

X=右上端 X 值$-R$

Y=右上端 Y 值$-R$

其他角（增量值）：

X=孔的长度$-2R$

Y=孔的宽度$-2R$

8.3.3　数控冲压加工的其他数值计算

步冲长度（L）= 全长$-$冲模宽度

步冲次数（N）=步冲长度/模具宽度

若为小数，则采用收尾法处理。

进给间距（P）=步冲长度/步冲间距

8.4　编程实例

例 8-1：长方形槽孔的步进冲压加工，如图 8-19 所示。

① 起始冲压位置(X_0,Y_0)（绝对值）的计算，冲压模具为 20mm×20mm 的方模。

$$X_0 = 200 + 10 = 210mm$$
$$Y_0 = 300 + 10 = 310mm$$

② L=150$-$20=130mm

③ N=130/20=6.57（次）→7 次

④ P=130/7=18.57mm

冲压程序如下：

G90X210.0Y310.0T306；	在起始位置(210,310)采用 306 号模位上的冲头冲孔
G91X18.75；	增量编程，步冲 7 次。T306 冲模为 20mm×20mm 的方形冲头，
X18.75	在以后的程序中，采用省略形式
X18.75；	
X18.75	
X18.75	
X18.75	
X18.75	

例 8-2：大方孔的步进冲孔加工，如图 8-20 所示。

① 冲压顺序以右上角为始点，逆时针方向冲孔再返回始点，如图 8-20 中 1→2→3→4 所示。

② 起始冲压位置（X_0,Y_0）

$$X_0 = 400 + 1/2×30 - 1/2×30 = 535mm$$

$$Y_0 = 250 + 1/2 \times 200 - 1/2 \times 30 = 335\text{mm}$$

③ X 方向步冲次数（N）、进给间距（P）的计算。

$L=300-30=270\text{mm}$	X 方向步冲长度
$N=270/30=9 \rightarrow 10$（次）	X 方向步冲次数
$P=270/10=27\text{mm}$	X 方向步冲进给间距

④ Y 方向步冲次数（N）、进给间距（P）的计算。

$L=200-30=170\text{mm}$	Y 方向步冲长度
$N=170/30=5.6 \rightarrow 6$（次）	Y 方向步冲次数
$P=170/6=28.33 \text{ mm}$	Y 方向步冲进给间距

⑤ 按冲压顺序编程。由于最终冲压位置和最初冲压位置重合，所以在最终冲压位置上不进行冲压。

⑥ 为了取出残留材料，在程序的最后加入 M00，使程序停止。

冲压程序如下：

G90X535.0Y335.0T210；	在起始位置(535,335)采用 210 号模位上的冲头冲孔
G91X−27.0；	增量编程，在 X 方向步冲 10 次，要求 9 次执行 X−27.0 程序段
……	程序采用省略形式，下同
Y−28.33；	在 Y 方向步冲 6 次
X27.0；	在 X 方向步冲 10 次
Y28.33；	在 Y 方向步冲 6 次
M00；	程序停止

例 8-3： 四角带圆角的长方形孔的步进冲孔加工，如图 8-21 所示。

① 冲压顺序是先加工 4 个角的 $R8$ 部分，起始点和终止点取在右上角。图 8-21 所示的冲压顺序为：$R8$ 的四个角 1→2→3→4。

② 4 个圆角的冲压位置计算：

右上角的冲压位置，从相邻边的 X、Y 值分别向内移 R（绝对值）。

$$X = 500 + 1/2 \times 250 - 8 = 617\text{mm}$$
$$Y = 300 + 1/2 \times 150 - 8 = 367\text{mm}$$

其他角的冲压位置：

$$X = 250 - 2 \times 8 = 234\text{mm}$$
$$Y = 150 - 2 \times 8 = 134\text{mm}$$

③ 方孔的起始冲压位置(X_0,Y_0)（绝对值）的计算。设冲压模具为 20mm×20mm 的方模。

$$X_0 = 500 + 1/2 \times 250 - 8 - 1/2 \times 20 = 607\text{mm}$$
$$Y_0 = 300 + 1/2 \times 150 - 1/2 \times 20 - 8 = 357\text{mm}$$

④ X 方向步冲次数（N）、进给间距（P）的计算。

$L=250-2 \times 8-20=214\text{mm}$	X 方向步冲长度
$N=214/20=10.7 \rightarrow 11$（次）	X 方向步冲次数
$P=214/11=19.45\text{mm}$	X 方向步冲进给间距

⑤ Y 方向步冲次数（N）、进给间距（P）的计算。

$L=150-2 \times 8-20=114\text{mm}$	Y 方向步冲长度

$N=114/20=5.7\rightarrow6$（次）　　　　Y 方向步冲次数

$P=114/6=19mm$　　　　　　Y 方向步冲进给间距

⑥ 为了取出残留材料，在程序的最后加入 M00，使程序停止。

程序如下：

G90X617.0Y367.0T105；	在右上角起始位置(617,367)采用 105 号模位上的 $\phi16$ 圆形冲头冲孔
G91X−234.0；	增量编程，在左上角位置冲孔
Y−134.0；	增量编程，在左下角位置冲孔
X234.0；	增量编程，在右下角位置冲孔
G90X607.0Y365.0T306；	在方孔的起始位置(607,367)采用 306 号模位 20mm×20mm 方形冲头冲孔
G91X−19.45；	增量编程，在方向步冲 11 次，程序采用省略形式
……	
X−8.0Y−8.0；	增量编程，换方向冲孔
Y−19.0；	增量编程，在 Y 方向步冲 6 次，程序采用省略形式
……	
X8.0Y−8.0；	增量编程，换方向冲孔
X19.45；	增量编程，在 X 方向步冲 11 次，程序采用省略形式
……	
X8.0Y8.0；	增量编程，换方向冲孔
Y19.0；	增量编程，在 Y 方向步冲 6 次，程序采用省略形式
……	
M00；	程序停止

参 考 文 献

[1] 顾京. 数控加工编程及操作. 北京：高等教育出版社，2003

[2] 方沂. 数控机床编程与操作. 北京：国防工业出版社，1999

[3] 张超英等. 数控机床加工工艺、编程及操作实训. 北京：高等教育出版社，2003

[4] 周虹等. 数控车床编程与操作实训教程. 北京：清华大学出版社，2005

[5] 郑红等. 数控加工编程与操作. 北京：北京大学出版社，2005

[6] 胡如祥. 数控加工编程与操作. 大连：大连理工大学出版社，2006

[7] 詹华西. 数控加工与编程. 西安：西安电子科技大学出版社，2004

[8] 荣瑞芳. 数控加工工艺与编程. 西安：西安电子科技大学出版社，2006

[9] 华茂发. 数控机床加工工艺. 北京：机械工业出版社，2000

[10] 高凤英. 数控机床编程与操作切削技术. 南京：东南大学出版社，2005

[11] 张丽华等. 数控编程与加工技术. 大连：大连理工大学出版社，2006

[12] 贾建军等. 数控加工与编程技术. 大连：大连理工大学出版社，2004

[13] 翟瑞波. 数控机床编程与操作. 北京：中国劳动和社会保障出版社，2004

[14] 黄康美. 数控加工编程. 上海：上海交大出版社，2004

[15] 张英伟. 数控铣削编程与加工技术. 北京：电子工业出版社，2006

[16] 刘战术等. 数控机床操作与加工实训. 北京：人民邮电出版社，2006

[17] 胡育辉. 数控铣床与加工中心. 沈阳：辽宁科学技术出版社，2005

[18] 崔兆华. 数控加工工艺. 济南：山东科学技术出版社，2005

[19] 孙德茂. 数控机床加工直接编程. 北京：机械工业出版社，2007

[20] 沈建峰等. 数控加工生产实例. 北京：化学工业出版社，2007

[21] 李洪智等. 数控加工实训教程. 北京：机械工业出版社，2006

[22] 华中数控有限公司. 华中数控编程说明书. 华中数控系统有限公司，2001